纺纱质量控制

FANGSHA ZHILIANG KONGZHI

毕松梅　主　编

闫红芹　赵　博　副主编

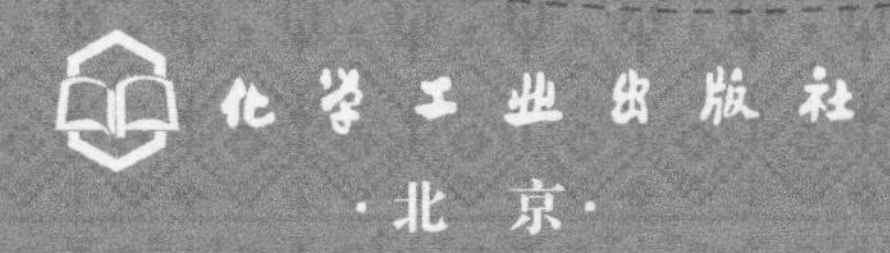

化学工业出版社

·北　京·

本书全面介绍了现代纺织企业纱线质量控制的方法和技术，包括成品与半制品的主要检测指标、测试方法与质量控制要点；详细讨论了如何提高纱线强力，纱线外观疵点的形成及控制措施，以及如何通过优化工艺设计提高企业质量管理水平等。

本书对研究纱线检测技术、掌握检测方法、提高和控制纱线质量有指导意义和参考价值，可以作为纺织工程专业本科生的教材，还可以作为相关工程技术人员和管理人员的参考书。

图书在版编目（CIP）数据

纺纱质量控制/毕松梅主编. —北京：化学工业出版社，2016.2（2023.1重印）
ISBN 978-7-122-25913-4

Ⅰ.①纺… Ⅱ.①毕… Ⅲ.①纺纱-质量控制-高等学校-教材 Ⅳ.①TS104

中国版本图书馆CIP数据核字（2015）第308151号

责任编辑：崔俊芳　　装帧设计：史利平
责任校对：边　涛

出版发行：化学工业出版社（北京市东城区青年湖南街13号 邮政编码100011）
印　　装：天津盛通数码科技有限公司
787mm×1092mm 1/16 印张8½ 字数201千字 2023年1月北京第1版第3次印刷

购书咨询：010-64518888　　售后服务：010-64518899
网　　址：http://www.cip.com.cn
凡购买本书，如有缺损质量问题，本社销售中心负责调换。

定　　价：29.00元

前　言

纺纱质量是决定纺织企业生存和发展的关键，纺纱质量控制是纺织企业永恒的主题。

《纺纱质量控制》介绍了现代纺织企业纱线质量控制的方法和技术。包括成品与半制品的主要检测指标、测试方法与质量控制要点，纱线质量的评定和测试数据的统计分析方法，纱线质量的在线检测和信息化管理等内容。同时对部分测试仪器做了介绍。本书对研究纱线检测技术、掌握检测方法、提高和控制纱线质量有指导意义和参考价值。本书可以作为纺织工程专业本科生的教材，还可以作为相关教师和工程技术人员的参考书。

本书共分为八章。第一章介绍了纱线质量标准；第二章叙述了现代纺纱企业质量控制的方法和技术；第三章至第八章分别讨论了纱线半成品的质量控制，如何提高纱线强力，纱线外观疵点的形成及控制措施，以及如何通过优化工艺设计提高企业质量管理水平来实现纱线质量的进一步提高。

本书由安徽工程大学毕松梅担任主编，安徽工程大学闫红芹、中原工学院赵博担任副主编（排名不分先后）。本书的第三章、第四章由安徽工程大学闫红芹和毕松梅编写；第二章、第五章、第六章、第七章由中原工学院赵博编写；第一章、第八章由安徽工程大学储长流编写。本书在编写过程中得到了安徽工程大学纺织服装学院有关老师的帮助和指导，在此表示感谢！同时对本书引用的著作和论文的作者表示衷心的感谢！

鉴于笔者水平有限，书中难免有错误之处，恳请专家和读者提出宝贵意见，便于再版时做进一步的修改。

编者
2015年11月

目　录

第一章　纱线质量标准 …… 1

第一节　棉纱线质量标准 …… 1
第二节　乌斯特统计值 …… 2
知识扩展：纱线的分类和主要质量指标 …… 3
思考题 …… 5

第二章　现代纺纱厂质量控制的方法和技术 …… 6

第一节　传统纺纱厂质量控制方法及缺点 …… 6
一、棉纺企业生产的特点 …… 6
二、棉纺产品检测中存在的问题 …… 6
三、现代在线检测的意义 …… 7
第二节　现代纺纱厂质量控制——全面质量管理 …… 7
一、产品质量管理及其发展 …… 7
二、全面质量管理的基本方法 …… 7
三、纺纱质量控制的内容和保证体系 …… 10
第三节　现代纺纱厂离线质量监控技术 …… 14
第四节　现代纺纱厂在线质量监控技术 …… 15
一、纱线质量在线检测的技术特点 …… 15
二、纱线质量在线检测的应用 …… 16
三、在线检测与离线检测结果的对比 …… 16
知识扩展：现代纺纱厂纱线质量的全检与信息化管理 …… 17
思考题 …… 19

第三章　纱条不匀的分析与控制 …… 20

第一节　纱条不匀概述 …… 20
一、纱条不匀的分类 …… 21
二、纱条不匀与片段长度之间的关系 …… 21
三、纱条不匀的构成 …… 23
四、纱条不匀的表示指标 …… 25
第二节　纱条不匀的测试方法 …… 26
一、测长称重法 …… 26
二、目光检验法 …… 26
三、仪器测定法 …… 28

四、纱线条干的实物检测法 …… 33
第三节　纱条不匀的分析 …… 33
一、利用条干曲线分析棉条条干不匀 …… 33
二、利用乌斯特波谱图分析条干不匀 …… 36
第四节　提高条干均匀度的措施 …… 46
一、纤维材料特性与成纱条干均匀度的关系 …… 46
二、半制品结构与成纱条干均匀度的关系 …… 49
三、纺纱工艺与成纱条干均匀度的关系 …… 51
四、提高成纱条干均匀度的措施 …… 57
第五节　熟条重量不匀率的控制 …… 57
知识扩展：纱条不匀分析与控制的先进技术 …… 58
思考题 …… 60

第四章　纱线强力的分析与控制 …… 62

第一节　概述 …… 62
一、纱线强力的测试方法及指标 …… 63
二、纱线拉伸断裂机理和纱线强力构成 …… 63
第二节　提高纱线强力、降低强力不匀率的措施 …… 64
一、纤维材料特性对纱线强力的影响 …… 64
二、纱线质量对成纱断裂强力的影响 …… 66
三、均匀混合对成纱强力的影响 …… 68
四、前纺工艺、设备状态、半制品质量对成纱强力的影响 …… 69
五、车间温湿度管理对成纱强力的影响 …… 70
知识扩展：动态强力和静态强力 …… 71
思考题 …… 71

第五章　棉结杂质和白星的分析与控制 …… 72

第一节　棉结杂质概述 …… 72
一、棉结杂质对纱线和布面质量的影响 …… 72
二、减少棉结杂质的意义 …… 73
三、棉结杂质的定义和分类 …… 74
四、棉结杂质的测试方法 …… 75
第二节　减少棉结杂质的技术措施和方法 …… 76
一、原棉对纱线棉结杂质的影响 …… 76
二、开清棉工序对纱线棉结杂质的影响 …… 77
三、梳棉工序对纱线棉结杂质的影响 …… 78
四、并条工序对纱线棉结杂质的影响 …… 79
五、精梳工序对纱线棉结杂质的影响 …… 80
六、粗纱工序对纱线棉结杂质的影响 …… 81
七、细纱工序对纱线棉结杂质的影响 …… 81

八、络筒工序对纱线棉结杂质的影响 …… 82
第三节 减少白星的技术措施和方法 …… 83
一、减少白星的现实意义 …… 83
二、产生白星的原因 …… 83
三、白星与棉结的区别 …… 84
四、白星在各工序的演变过程和规律 …… 84
五、减少白星的技术措施 …… 84
知识扩展：棉结杂质检测仪器的工作原理及使用 …… 86
思考题 …… 87

第六章 纱线毛羽的分析与控制 …… 88

第一节 纱线毛羽的影响与形成 …… 88
一、纱线毛羽的影响 …… 88
二、纱线毛羽的形成 …… 88
第二节 纱线毛羽的种类与检测 …… 89
一、纱线毛羽及其形态 …… 89
二、纱线毛羽的指标 …… 91
三、纱线毛羽的检测方法 …… 91
四、纱线毛羽的检测仪器 …… 92
第三节 前纺工序对纱线毛羽的影响 …… 93
一、原料对纱线毛羽的影响 …… 93
二、开清棉工序对细纱毛羽的影响 …… 94
三、梳棉工序对细纱毛羽的影响 …… 95
四、精梳工序对细纱毛羽的影响 …… 95
五、并条工序对细纱毛羽的影响 …… 96
六、粗纱工序对细纱毛羽的影响 …… 96
七、车间温湿度对细纱毛羽的影响 …… 98
第四节 细纱工序对纱线毛羽的影响 …… 98
一、细纱机的工艺参数 …… 98
二、细纱机的设备状态 …… 100
知识扩展：细纱工序减少纱线毛羽的新技术 …… 101
思考题 …… 102

第七章 纱疵的分析与控制 …… 103

第一节 纱疵的概念、分类和意义 …… 103
一、纱疵的概念 …… 103
二、纱疵的分类 …… 104
三、纱疵的统计方法 …… 104
四、减少布面纱疵的重要性 …… 105
第二节 常发性纱疵的特征、形成与防治 …… 105

一、错纬…… 105
二、条干不匀…… 107
三、竹节纱疵…… 108
四、双纬和脱纬…… 109
五、其他疵布…… 110
第三节　突发性纱疵的特征、形成与防治…… 112
一、规律性错纬…… 112
二、规律性条干不匀…… 113
三、非规律性条干不匀…… 114
第四节　纱疵的分析方法…… 114
一、目光检验法…… 114
二、切断称重法…… 115
三、仪器检验法…… 116
知识扩展：布面纱疵责任划分…… 116
思考题…… 117

第八章　纺纱工艺设计与质量控制 …… 118

第一节　工艺设计概述…… 118
一、工艺设计的基本内容…… 118
二、工艺设计的指导思想…… 119
三、工艺纪律和审批制度…… 119
第二节　纱线工艺设计与质量控制案例…… 120
一、转杯纺纱的工艺设计与质量控制…… 120
二、针织纱工艺设计与质量控制…… 121
三、色纺纱的质量控制…… 123
知识扩展：影响产品质量的因素…… 124
思考题…… 124

参考文献 …… 126

第一章　纱线质量标准

本章知识点

1. 纱线产品质量的评定方法。
2. 棉本色纱线分等规定。
3. 乌斯特统计值。
4. 纱线的分类。
5. 纱线品种的代号。
6. 纱线的主要质量指标。

由于纺织品的品种繁多、用途各异，至今国际上没有统一的纺织品标准，许多国家根据各自的条件，制定了适用于本国的纺织产品标准。我国早在20世纪50年代就发布了主要纺织品的部颁标准（FJ），60年代开始有国家标准（GB）与专业标准（ZB）。标准化推进了纺织技术水平和管理水平的提高。产品标准的分等规定，统一协调了生产与使用之间的关系，推动国内外贸易的发展。20世纪80年代提倡积极采用国际标准与国外先进标准，促进了纺织基础标准与方法标准的提高，也从技术上充实了产品标准。随着我国由计划经济向市场经济的转变，大部分纱线产品标准也由强制性标准向推荐性标准（××/T）转化，更有利于适应国内外市场的发展。现在纱线产品质量的评定，主要有以下几种方法。

1. 按标准评定纱线质量

现在除棉纱等少数产品仍为国家标准，其他大多数产品标准已用行业标准（FZ）发布，国家鼓励企业制定严于国家标准或行业标准的企业标准（Q/FZ），在企业内部采用。随着纤维材料和纺织品品种的发展，纱线的产品也日新月异。没有国家标准和行业标准的产品，应制定企业标准，许多纱线新产品和企业的特色产品等都执行企业标准。按照产品标准的技术条件和分等规定，评定纱线的质量水平，仍是企业控制产品质量指标的基础。

2. 按协议技术条件评定纱线质量

通过贸易协议的技术条件，规定产品质量指标的要求，或封存实样，作为交付验收中评定质量的依据。

3. 协议采用某项标准或统计值评定纱线质量

供需双方经协商一致，可确认采用某项产品标准或公认的统计值作为评定质量的依据。如乌斯特统计值，因其有较好的代表性，并已逐渐成为纺织界的一种质量语言，在纱线生产和贸易中采用，我国也常用作纺纱厂产品质量或设备水平对比的参考依据。

第一节　棉纱线质量标准

棉纱线质量标准详见GB/T 398—2008。

棉本色纱线分等规定如下。

（1）棉纱线规定以同品种一昼夜三个班的生产量为一批，按规定的试验周期和各项试验方法进行试验，并按其结果评定棉纱线的品等。

（2）棉纱线的品等分为优等、一等、二等，低于二等指标者为三等。

（3）棉纱的品等由单纱断裂强力变异系数、百米重量变异系数、条子均匀度、1克内棉结粒数和1克内棉结杂粒数评定。当五项的品等不同时，按五项中最低的一项品等评定。

（4）棉线的品等由单线断裂强力变异系数、百米重量变异系数、1克内棉结粒数和1克内棉结杂质总粒数评定。当四项的品等不同时，按四项中最低的一项品等评定。

（5）单纱（线）的断裂强度或百米重量偏差超出允许范围时，在单纱（线）断裂强力变异系数和百米重量变异系数原评等的基础上作顺降一个等处理；如两项都超出范围时，也只顺降1次，降至二等为止。

（6）优等棉纱另加10万米纱疵一项也作为分等指标。

（7）检验条干均匀度可以由生产厂选用黑板条干均匀度或条干均匀度变异系数两者中的任何一种。但一经确定，不得任意变更。发生质量争议时，以条干均匀度变异系数为准。

（8）棉纱线重量偏差月度累计，应按产量进行加权平均，全月生产在15批以上的品种，应控制在±0.5%及以内。

第二节　乌斯特统计值

瑞士乌斯特公司（USTER TECHNOLOGIES AG）在20世纪40年代末就开发了电容式条干均匀度仪，为了使用户能掌握仪器测试结果的数据所代表的质量水平，1949年起，制作了一些统计图表，供用户对比参考。1957年起定名为乌斯特统计值，以后不断更新和充实内容，每隔几年在该公司的刊物《乌斯特新闻公报》（*USTER NEWS BULLETIN*）上发布1次，现已改在网上发布和提供光盘。统计值延续至今已半个多世纪，统计值是从世界各地取样，在该公司的实验室中用自己的仪器进行测试，并用统计方法将实验结果的数据进行整理，根据达到某水平的试样占取样总数的比例，划分为5%、25%、50%、75%、95%五档水平。其中5%为最好水平，95%为最差水平，50%为中位水平。统计值用数字对纱的质量进行了分档。由于统计值比较客观地反映了世界上纱线质量的情况，通过与统计值的对比，可以了解世界纱线质量的发展趋势，掌握本单位的产品质量水平，确定本单位控制产品质量的目标。同时，也可以了解纱线质量测试技术的进步和纺纱新技术发展的动态。

统计值用五根等宽的百分位线表示五档水平。统计值百分位线的宽度表示一定的精确界限，在界限范围内的数据都视为等同水平。图形的纵坐标代表质量指标，横坐标可以是纤维的长度（mm）、纺纱过程的工序（AFIS试验）、纱的粗细（粗纱、细纱用公制支数为基本单位，条子用英制支数为基本单位）、偶发性纱疵或异性纤维的分级等。

图1-1为纯棉普梳机织管纱条干变异系数乌斯特2013年统计值实例，统计值采用了双对数坐标，因此在有限幅度的图内可包含大量的数据。其横坐标是纱细度，以公制支数为基本单位，并有对应折算的英制支数和线密度。纵坐标为条干变异系数（CV_m）值。饼图为统计值的取样来源分布图。

棉纤维及精梳纯棉纱线质量的统计值，在同一图中以两组独立的百分位线描述统计值，

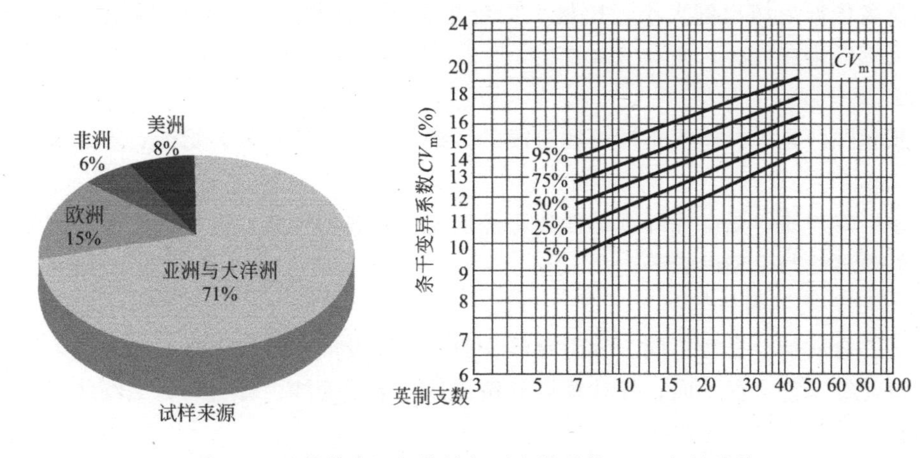

图 1-1　纯棉普梳机织管纱条干变异系数 2013 年统计值

中间的过渡区用以分割由中短纤维向长纤维或超长纤维的过渡；精梳纱纺到一定线密度，就需要用高质量的长绒棉和不同的落棉率，即要改变纺纱的工艺条件。统计值分成两组，有助于提示对原料与加工工艺的选择。

纱线的产品标准规定有考核的项目和分等的指标，实际上同类纱线因为用户不同而有不同需求。现在乌斯特统计值已发展到有 30 多项质量指标，不是每种产品都要控制这些指标，而对一个产品来讲，没有必要把所有重要的指标都选定在同一档水平上，因此不能简单地称“某产品已是统计值某水平了”。统计值的各项指标还相互影响，如适当的毛羽会有利于布面的丰满，从而可掩盖条干均匀度的不足。此外，统计值并非纱线质量的全部内容，如捻度也是重要的质量参数，但乌斯特公司不生产捻度仪，所以不作捻度的统计值。还有如卷装的成形不良也会影响后工序断头。总之，纱线的质量控制应抓住重点，以满足用户需要为出发点，选定控制项目和水平，才能取得较好效果。

统计值展示了世界纱线质量的各档水平，使生产单位有比较对象，有目标追赶，但高的质量水平往往意味着高的生产成本。只有采用相对便宜的原料，通过优化工艺、设备与管理，达到能满足用户需要的质量水平，才是最佳的选择。如果纱线的生产单位面对的是间接的用户，则更应考虑市场的方向和本企业的设备与技术条件，结合经济效果，确定产品质量控制的水平。

纱线产品质量控制的水平包含着质量的稳定性，要控制质量指标稳定在一定范围内，降低波动、限制弱环、防止突发性的纱疵等产生，才能保证后加工的生产效率，提高产品的信誉。

知识扩展：纱线的分类和主要质量指标

一、纱线的分类

纱线的种类很多，可按以下方法分类。

1. 按组成纱线的纤维不同分类

（1）纯纺纱。是由一种纤维组成的，如棉纱线、毛纱线、麻纱线、黏纤纱线、涤纶纱线等。

（2）混纺纱。由两种及以上纤维组成的，如 T/C（涤/棉）、T/R（涤/黏）纱线等，混纺纱线的命名依据混纺比例大小，比例大的纤维在前，比例小的纤维在后面，如果比例相同，则以天然纤维在前面，如C/T50/50。

2. 按纤维长度不同分类

(1) 长丝纱。是天然丝或化纤长丝组成的纱线，加捻回的称为有捻纱，不加捻回的称为无捻纱。

(2) 短纤维纱线。是由短纤维纺纱加工经加捻而制成的纱线，按纤维长度不同分为棉型纱线、中长型纱线与毛型纱线等。

3. 按纺纱方法不同分类

(1) 按并合或加捻方法不同，分为单纱、股线，以及顺手纱（S捻）、反手纱（Z）。

(2) 按纺纱工艺流程不同，棉纱线可分精梳纱、半精梳纱、普梳纱，毛纱线可分为精纺毛纱、粗纺毛纱和半精纺毛纱等。

(3) 按使用的纺纱设备不同，可分为环锭纺纱线和各种新型纺纱线。

(4) 用特殊加工方法制成的纱，有膨体纱、变形纱、包芯纱、包覆纱、花式纱，目前还有AB纱、赛罗纺纱与竹节纱、段彩纱等。

膨体纱是通过化学方法或热处理方法而增加蓬松度的短纤纱，如改性高收缩涤纶PTT、PBT与腈纶膨体纱等。变形纱（丝）是化纤长丝经变形加工而呈现卷曲螺旋弧圈等外观特征，如锦纶高弹丝、涤纶低弹丝等都称为变形丝。包芯纱是以长丝或短纤纱为芯外包其他纤维一起加捻成纱，最普遍的是氨纶包芯纱，目前包芯纱的品种已发展为用普通长丝或金属丝等外包纤维，也有用棉、毛及化纤等外包纤维，具有不同的特性和用途。包覆纱是用两根不同纱或长丝在包覆机上加工而成，它没有严格的芯纱或外包纱之分。AB纱是在细纱机上用两根不同颜色或原料制成的粗纱，在同一个喇叭中喂入纺成纱，使成纱具有不同颜色或两组分的纱线。赛络纺纱的加工方法与AB纱类似，但两根不同颜色或不同组分的粗纱在一个喇叭头两个孔中喂入成纱，使纱线有股线的风格。赛络纺纱除可以纺成色纺纱或混纺纱外，还能显著减少毛羽，提高强力，改善成纱质量，故目前已被广泛采用。竹节纱是在细纱机上通过改变前后罗拉速度，使纺成的纱具有长度与粗细不均匀的风格，目前推广面较大。

4. 按纱线用途分类

有机织用纱（经纱和纬纱）、针织用纱（含起绒纱）以及其他用途的纱线，如缝纫线、绣花线、轮胎帘子线、装饰用纱、毛巾用纱及医院手术用缝合线等。

5. 按纱线粗细（线密度）分类

分为特细纱（10tex以下）、细特纱（11～20tex）、中特纱（21～30tex）、粗特纱（31tex以上）。

6. 按纱线卷装不同分类

分为筒子纱与绞纱，筒子纱有平筒纱与锥形筒纱之分。

7. 按纱线后处理方法不同分类

分为本色纱（原纱）、漂白纱、染色纱、烧毛纱、丝光纱等。

二、纱线品种的代号

(1) 按用途不同，其代号有经纱（T）、纬纱（W）、针织用纱（K）、起绒用纱（Q）等。

（2）按加工工艺不同，其代号有绞纱（R）、筒纱（D）、精梳纱（J）、转杯纱（OE）、喷气纱（MJS）、涡流纱（MVS）、紧密纱（CS）、摩擦纱（FS）、静电纺纱（E）等。

三、纱线的主要质量指标

评价纱线质量的指标很多，如断裂强力，要求纱线具有较好的强力，在后加工中避免断头，以获得较好的生产效率和产品质量，但有些指标要求随产品特性和用途的不同变化。归纳起来纱线产品的质量指标主要有以下几个方面。

（1）纱线结构。其指标为线密度及其变异（重量偏差和重量变异系数）、捻度（捻向、捻缩）和混纺成分等。

（2）纱线外观。其指标有条干均匀度、棉结、杂质、纱疵（包括异性纤维）、毛羽、纱的直径及油污、煤灰纱和染色纤维纺纱的色差、色牢度等。

（3）纱线力学性能。包括强力、伸长、断裂功及其变异系数、耐磨性、弹性等。

（4）其他方面。根据纱线的品种和用途有特定要求，如包芯纱的露芯、毛纱的含油率、绢纺纱的练减率、化纤长丝纱的沸水收缩率、缝纫线在一定长度内的结头数等。

细度是纱线粗细程度的表征，也是确定纱线品种与规格的主要依据。细度不同的纱线，使用原料不同，产品价格不同，纺纱工艺也有不同，故纱线的粗细是纱线的重要特征之一。表示纱线粗细的指标有线密度 Tt（tex）、旦尼尔（旦）、英制支数（英支）与公制支数（公支）四种，后三种是非国际单位制。

测试各段试样所称出的重量数据，如果差异小，则说明试样各段的粗细均匀，反之则均匀度差。因此，称出重量的变异系数反映了实际纺出的纱线与设计要求的纱线在细度上的偏差。

纱线的重量变异系数与重量偏差都是纱线定等的重要技术指标。棉及棉型化纤的纯纺或混纺纱都采取百米长度的试样为基本测试单元。在产品标准中明确考核百米重量变异系数和百米重量偏差，毛纺纱线则根据不同产品，采用不同的试样长度。

线密度的测定是依据 GB/T 4743—1995《纱线线密度的测定—绞纱法》和 GB/T 398《棉本色纱线》进行的。

思　考　题

1. 我国现行标准有哪几级？客户标准是什么？
2. GB/T 398—2008 对棉本色纱线评等的指标有哪几项？
3. 乌斯特统计值有什么意义？

第二章　现代纺纱厂质量控制的方法和技术

本章知识点

1. 棉纺产品检测中存在的问题。
2. 现代在线检测的意义。
3. 产品质量管理及其发展。
4. 全面质量管理的基本方法。
5. 纺纱质量管理控制的统计方法。
6. 纺纱质量控制的内容和保证体系。
7. 现代纺纱厂离线质量监控技术。
8. 现代纺纱厂在线质量监控技术。
9. 纱线质量在线检测。

第一节　传统纺纱厂质量控制方法及缺点

一、 棉纺企业生产的特点

棉纺企业生产用人多，生产人员的操作方法对产品质量影响较大，如纱条接头、落纱、做整洁工作、变换齿轮的调换、工艺参数的调整等。操作稍有不慎，就会造成疵点或疵品，并且当前工人流动性大，规范的操作法较难执行。生产中迫切要求减少人工操作的影响，实行操作自动化、产品质量及工艺参数的在线检测和自动控制。

棉纺企业生产设备中相对独立的组合单元较多，如一个纺纱厂具有几万个独立组合的锭子，组成相对独立的生产线（点），其部件工艺参数、操作方法、原料分配和生产环境的不一致，容易形成锭与锭之间质量的变异，通常所谓的纱管之间的质量变异系数（CV_b）。CV_b 较大就说明产品质量个体之间存在较大的差异和不一致、不稳定，产品的平均水平不能充分反映产品质量的水平，CV_b 较小才是“硬指标”。CV_b 往往是企业精细管理和有效质量控制的表现，是产品质量保证的前提。国外提出质量新概念：“批量的完整性”就是要减小 CV_b，确保每批纱线质量的一致，减少质量的波动。

二、棉纺产品检测中存在的问题

棉纺产品质量检测一般都是抽样检测，不是全部、全过程的检测，但棉纺最后成品或下道工序产品——织物，除产品物理指标外，产品的外观疵点一般是全部检验的，如织物的疵布检验、服装面料的裁片检验等，因此棉纺检验结果与后道产品的检验，往往不能很好地衔接和密切地相关。纱线检验的质量常常不能保证织物和最终产品的质量，也不能及时反映和控制产品质量。

三、现代在线检测的意义

由上分析可以认为，若要实现棉纺企业生产连续化、自动化，减少人为操作和产品间质量的变异，必须实行棉纺在线检测和质量自动控制。

随着纺织技术的不断进步，特别是电子信息技术及计算机技术的飞速发展，在线检测技术在纺纱工程中得到越来越广泛的应用。加速在线检测技术的发展，推进在线检测技术的应用，对加强纺纱生产的过程质量控制，改进和完善传统纱线质量检测方法的不足，提高纺织品质量水平，实现纺纱生产现代化和推进纺织技术进步有着重要意义。

在线检测是指在生产过程中直接对被检测产品的特性进行检测的方法。在纺纱工程的很多工序都较早地使用了在线检测和自动调节、自动检测技术。清棉工序的自动检测棉包高度，自动检测和控制棉箱存储量；梳棉工序的自调匀整系统和在线检测棉结、杂质功能；并条工序的自调匀整系统；粗纱机纺纱张力在线监控系统；细纱工序的断头自动检测和络筒工序的电子清纱功能等，都成功地应用了在线检测技术。

第二节　现代纺纱厂质量控制——全面质量管理

一、产品质量管理及其发展

质量管理的定义是指确定质量方针、目标和职责，并在质量体系中通过诸如质量策划、质量控制、质量保证和质量改进等，使其实施的全部管理职能的活动。

产品质量管理是指以保证商品应有的质量为中心内容，运用现代化的管理思想和科学方法，对商品生产和经营活动过程中影响商品质量的因素加以控制，使用户得到满意的商品而进行的一系列管理活动。

产品质量管理大体经历了三个发展阶段。

1. 检验质量管理阶段（20 世纪 20～40 年代）

这一阶段的质量管理实际是事后检验阶段。质量检验阶段是一种消极防守型管理，通过事后把关防止不合格产品进入流通领域。

2. 统计质量控制管理阶段（20 世纪 40～60 年代）

这一阶段实际是预防性质量管理阶段。统计质量控制管理由质量检验发展到质量控制，克服滞后性，预防干预。即从事后把关变为预先控制，预防为主，通过生产过程中的质量控制，把质量问题消灭在生产过程之中。

3. 全面质量管理阶段（20 世纪 60 年代至今）

全面质量管理是一种积极进取型的质量管理，强调调动人的一切积极因素，综合运用科学的管理方法、手段，控制影响产品质量全过程的各因素，建立从设计、制造、使用、服务全过程的质量保证体系，用经济的方法生产满足用户和社会要求的商品。全面质量管理概括为全体人员参加的管理、全过程的管理、全面的管理。

二、全面质量管理的基本方法

（一）PDCA 循环管理方法

1. PDCA 循环管理方法的内容

PDCA 管理循环是全面质量管理的基本方法之一，它包括 4 个阶段（图 2-1）。

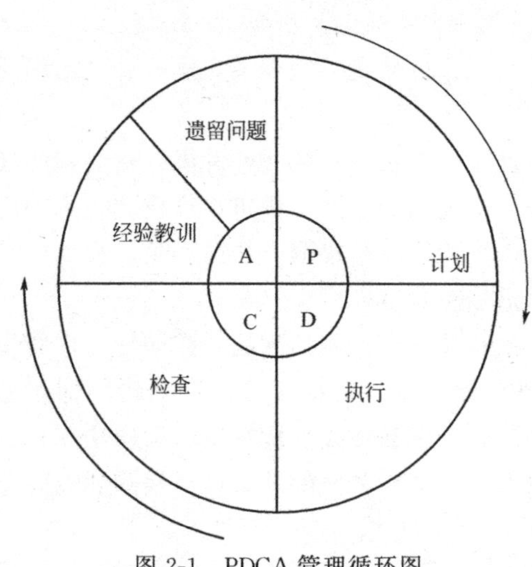

图 2-1 PDCA 管理循环图

计划阶段（P）：主要是确定质量目标、质量计划、管理项目、措施方案。即分析质量现状，找出存在问题；分析产生原因、影响因素；找出主要影响因素；制订对策，提出执行计划和预期效果。

执行阶段（D）：是按预定的目标、计划、措施组织实施阶段。

检查阶段（C）：是将执行的结果与预定目标进行对比，检查计划执行情况与预定目标是否偏离，并分析原因。

处理阶段（A）：一方面总结经验教训，巩固成绩，处理差错；另一方面将未解决的问题转入下一个管理循环，作为下一阶段计划目标。

2. PDCA 循环管理方法的特点

(1) 大环套小环循环促进。PDCA 管理循环用于企业各个环节、各个方面的质量管理。整个企业的质量管理体系构成一个大的 PDCA 管理循环，各个部门各级单位每个人又都有各自的 PDCA 管理循环，从而形成一个综合管理体系，即大环套小环，一环扣一环；小环保大环，推动大循环。PDCA 管理循环使各项工作有机地联系紧密、互相协调、互相促进，如图 2-2 所示。

(2) 爬楼梯逐步递进。PDCA 管理循环每循环一次就前进一级，如同爬楼梯，不断循环、不断提高，如图 2-3 所示。

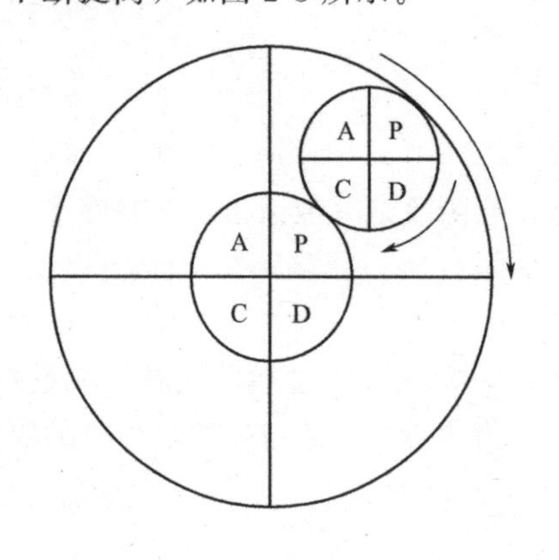

图 2-2 大环套小环

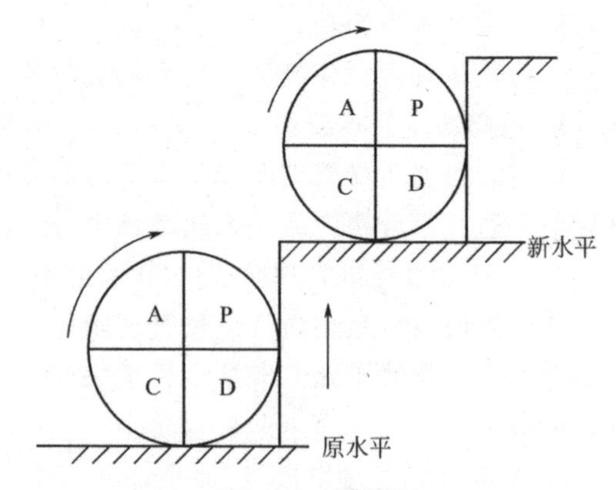

图 2-3 爬楼梯

(3) “处理”是关键。“处理”阶段既是一个循环的终了阶段，也是下一次循环的准备阶段，是承上启下的关键结合点。通过总结经验教训，制订计划，完成不断提高的目标。PDCA 管理循环使质量管理工作更具科学性、卓有成效，达到预期的目标。

（二）纺纱质量管理控制的统计方法

质量控制统计方法是全面质量管理的基本方法之一。统计是指对数据的收集、整理、分析、解释、展现。统计质量控制方法要求数据真实、可靠、及时、准确，用直方图、因果分析图、排列图、控制图、散布图等来直观反映质量情况。

1. 直方图

直方图是将收集的数据进行整理，画出以组距为横坐标，以频数为纵坐标的一系列连接起来的直方形，找出数据的分布中心和散布规律，以判断质量是否稳定，预测不合格率，提出改进质量的具体措施。直方图如图 2-4 所示。

2. 因果分析图

因果分析图形状为树枝状，有主干、分枝、枝杈，是将造成某项结果的许多原因以系统的方式图解，即以图表达结果与原因间的关系。便于理清思路找出改进质量的重点原因。因果分析图如图 2-5 所示。

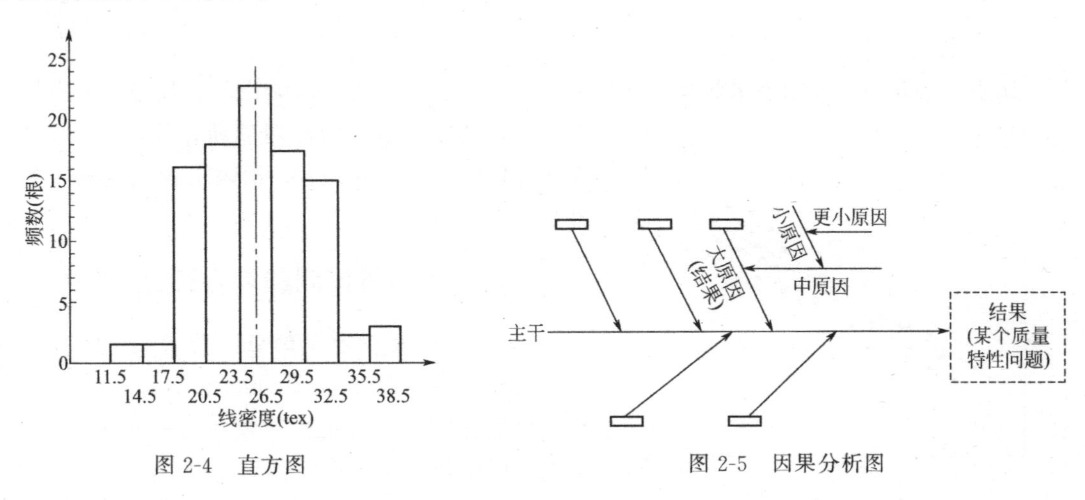

图 2-4　直方图　　　　图 2-5　因果分析图

3. 排列图

排列图是由几个高低顺序依次排列的长方形和一条累计百分比折线所构成的图。该图采用双直角坐标系表示，纵坐标左侧表示频数，右侧表示频率，分析线表示累计频率；横坐标表示影响因素，按照影响程度大小（频数）从左到右排列。排列图是为寻找主要问题或影响质量的主要原因采取的一种有效统计方法，如图 2-6 所示。

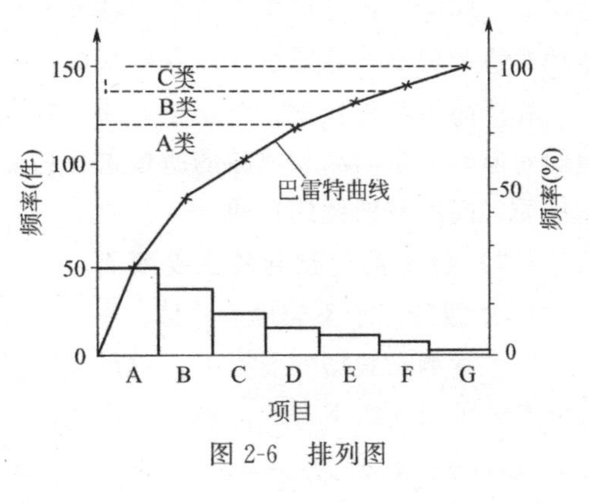

图 2-6　排列图

4. 控制图

控制图是一种有控制界限的图，用来区分引起的原因是偶然的还是系统的。例如，对粗纱机输出的纱条进行牵伸不匀率分析，通过控制图可以发现牵伸力过大（超过控制线）引起牵伸波波动的图形分布情况，进而可以发现是由于机械本身引起的机械波，还是机件运转不良引起的意外牵伸。这是纺纱加工中处理牵伸不匀进行质量控制经常采用的方法。控制图如图 2-7 所示。

5. 散布图

散布图是在其他影响因素相对固定情况下，将两个可能相关的变数资料用点表示，标记于坐标图上，通过观察分析，判断这两个数值之间的相关关系，实现一种相关性实验的方法。例如，可通过散布图观察纤维在温度一定情况下吸湿与时间的相关性。散布图如图 2-8 所示。

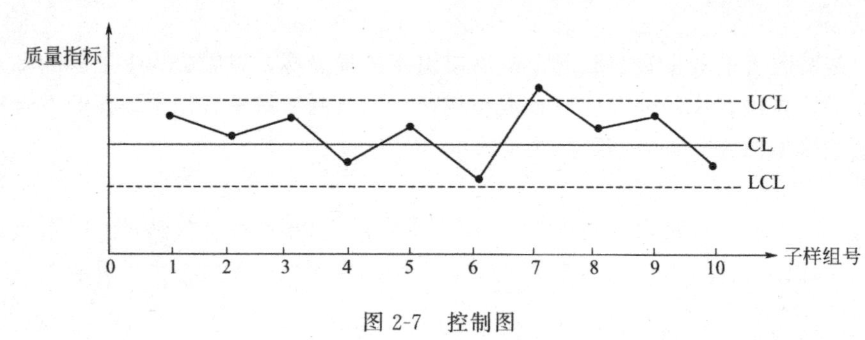

图 2-7 控制图

6. 调查表法

调查表法利用统计图表来收集、统计数据，进行数据整理对影响产品质量的因素进行初步分析，是最基本、最常用的质量原因分析方法。如不合格产品统计分析表、缺陷位置调查表、频数分布调查表等。

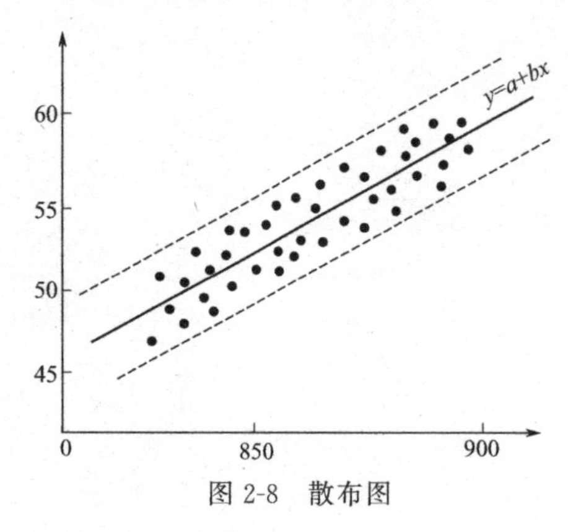

图 2-8 散布图

三、纺纱质量控制的内容和保证体系

（一）纺纱质量控制的任务与目的

提高产品质量不仅是纺织企业的一项重要工作，而且也是提高企业经济效益的一条重要途径。纺纱质量控制的任务是对生产过程中的前纺半制品和成品纱进行检验和分析，发现问题，及时采取措施，使纺出的全部纱线都能达到规定的质量标准。在产品的实际生产过程中，要采取技术措施，解决生产中出现的问题，并进行质量追踪，不断地改进和提高产品质量，以获得最好的经济效益。

在产品生产过程中，纺织企业质量控制工作一般由生产技术部门和试验部门来完成的。他们对原料、半制品和成品的质量进行检验和控制，在此基础上，采取可行的技术措施，达到优质、高产和低耗的目的。

（二）纺纱质量控制的主要项目

1. 纱线的三个不匀率 CV 值

在大量测试数据的前提下，对纱线的某一质量特性指标，假设所测试的数据完全符合正态分布，可采用以下方法，求出 CV 值。

假设测量数据为 x_1，x_2，x_3，…，x_i，…，x_n，其中，该组数据的平均值（$\overline{X}$）为 $\dfrac{\sum\limits_{i=1}^{n} X_i}{n}$，该组数据的均方差（$\sigma$）为 $\sqrt{\dfrac{\sum\limits_{i=1}^{n}(X_i-\overline{X})^2}{n-1}}$，变异系数（$CV$）为 $\dfrac{\sigma}{\overline{X}}\times 100\%$，它表示每个测试数值对于该测试数据平均值的离散程度。

(1) 沿长度方向纱线均匀度的主要指标采用 CV_m 和 CV_b 表示。

① 条干均匀度：表示在一段纱线上沿长度方向短片段的线密度不匀的程度，即短片段的粗细不匀，一般表示片段长度为 0.8cm，CV_{1m}、CV_{5m}、CV_{10m}、CV_{50m}、CV_{100m} 等分别表示不同片段长度的条干均匀度情况。

② CV_b是表示规定的 n 个卷装之间的条干均匀度的变异系数。

(2) 纱线的线密度不匀（CV_{cb}），它表示规定的 n 个纱线卷装之间线密度不均匀的变异系数。它先是从纱线的每个卷装上，摇取 100 米的纱线，然后测其重量后，求出样品重量间的 σ 和 CV 值，它反映纱线的长片段重量不匀。

(3) 纱线的断裂强度及不匀 CV 值。它是指单纱的断裂强度及变异情况，综合反映了纱线的条干均匀度 CV_m、纱线的线密度不匀 CV_{cb}、捻度不匀 CV 值等物理指标的不匀情况。

2. 纱线的三种常发性纱疵

(1) 千米细节是表示纱线上的细节处的截面积较正常纱线截面积减小的幅度大小。如细节－40%/km，表示 1000m 纱线上较正常纱线截面积减少 40%的细节数量，反映出细节处的截面积是正常纱线的 0.6 倍。

(2) 千米粗节是表示纱线上的粗节处截面积增加的幅度大小。如粗节＋35%/km，表示每 1000m 纱线上较正常纱线截面积增大 35%的粗节数量，反映出粗节截面积是正常纱线细度的 1.35 倍。

(3) 千米棉结是表示疵点形状为球状粗节的情况，当粗节长度≤1mm 时，常定义为棉结；当疵点长度＞1mm 时，则定义为粗节。目前在乌斯特 2013 年统计公报中，采用新的界限定义，一般设定为细节－40%/km、粗节＋35%/km、棉结＋140%/km；气流纺和喷气纺的纱线则采用＋200%/km。

3. 毛羽指数和毛羽根数

毛羽指数常用纱线的毛羽值（H）来表示，它是指伸出纱线表面外所有纤维的累计长度与纱线长度之间的比值。乌斯特统计公报上提供了试样内的标准毛羽差（SH）和试样间的毛羽变异系数（CVH_b）。毛羽值的大小，对质量影响很大。对毛羽的要求，要根据产品最终的用途来确定的，高速喷气织机对纱线毛羽要求较高。目前常采用国产毛羽测试仪为 YG171A 型、YG172A 型等，一般用毛羽根数表示，它采用激光测量的原理和方法，测试每 10m 纱线上 1mm、2mm、3mm、…、9mm 长毛羽的数量，以每 10m 上的毛羽数量作为毛羽根数，单位根/10m。

4. 纱线的偶发性疵点

目前，偶发性的纱疵分为 23 个粗节等级和 4 个细节等级。

5. 纱线的捻度

一般情况下，针织纱和机织纱之间的区别采用捻系数来区分，精梳棉纱的捻系数（α_m）为 112（α_e=3.7），普梳棉纱的捻系数（α_m）为 119（α_e=3.9），其中 α_m 表示公制捻系数，α_e 表示英制捻系数。针织纱的捻系数比机织纱的值小。

(三) 纺纱质量控制的主要方法

在纱线质量控制的过程中，应该对成品纱和半制品进行相应的工作循环：质量检测→质量分析→调整→质量检测。

质量检测是指对纺纱过程中的成品纱和半制品进行检验或测定，从而发现哪些指标没有达到质量标准。质量分析是对检测到的质量信息进行分析和判断，从中正确找出影响质量的各种因素。调整是工艺技术的调整，就是针对影响产品质量的主要因素，采取合理的改进措施，进行工艺调整。调整后还应该产品进行再检测，以验证这次调整是否合理。如果发现调整不当，就需要再分析、再调整。

实际生产过程中，影响产品质量的因素是复杂的，而且是在不断发生变化的，这就要求对产品的质量检测、分析和调整工作做到经常、正确和及时控制。因此，纺纱质量控制的工作不能是一劳永逸的。

目前，纺纱质量控制的主要方法包括离线检测和控制及在线检测与控制。

1. 成品质量控制——离线检测（事后检验）

这种方法是对成纱质量检验，剔除不合格产品，以此来保证出厂产品质量。属于离线检测，存在时间上的控制缺陷，即时间滞后。织物检测采用全部检验的方法，而纱线质量检验是随机性（大部分为破坏性的）。可能某些有质量缺陷的纱锭长时间采集不到样品检测，使总体水平高的一批棉纱，个别卷装的疵品影响整个布面质量，子样水平代表纱线总体水平，不能完全决定布面质量。

2. 每道工序的质量控制——在线检测（过程检验）

这种方法也称为在线监控，是在生产过程中直接对在制品进行质量指标的测定，其中重要环节是纱线质量在线检测。测试工作是连续的、自动的、与纺纱生产同步进行；测试结果的实时信息，可通过质量控制系统对纺纱设备进行自动的调整或清除疵点，或发出警报，或自动关停机台的运转。测试结果的数据可显示、打印、储存、统计或传输到质量信息系统。随着计算机技术和新型传感器技术、驱动技术在纺纱机械上的应用，在线质量检测也相应发展。现在已在纺纱过程中应用的在线质量检测，如清棉工序的棉箱存储量、棉层厚度和异性纤维的检测，梳棉工序的条干均匀度、线密度检测和棉结、杂质的检测，络筒或转杯纺工序的电子清纱器等。在线检测装置测定产品质量的同时，也收集到设备运转情况和数据，为质量管理与生产管理都提供了有用的信息。

（四）纱线质量控制系统

纱线质量的控制，首先是纺纱原料的选用，这是纱线质量的基础；同时要求纺纱设备的状态良好和纺纱工艺的优选，还要结合操作、空调等各项基础管理工作的加强。构成纱线质量控制系统的基本单元如图 2-9 所示。

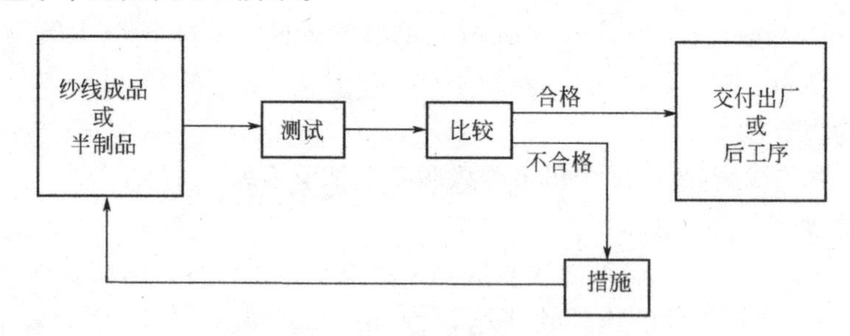

图 2-9　纱线质量控制系统的基本单元

纱线的成品或半制品经取样测试，得出质量数据和资料，然后与预定的质量指标做比较，预定的质量指标可源自产品标准，用户协议、统计值或工艺设计的要求，根据本单位的统计资料，应考虑适当的变异范围，从而确定质量控制的指标。对试样测试数据比较的结果又两种可能，一种是合格，在控制的指标范围内，就可以交付给用户或后工序；另一种可能是不合格，应立即进行分析，找出原因，采取必要的技术措施，从设备、工艺、原料等方面作针对性的调整或修复。采取措施以后，应再次检验，以验证措施是否正确，质量问题是否已经完全解决，直到能正常生产出合格的产品。在现代的纺织设备上，部分工序已采用在线监测技术，对在制品全部进行监测。出现偏离质量指标的情况，即自动进行调整，保证产品质量控制在规定的范围内，以防止质量疵点在成品或后工序中扩散。

（五）实验室检测纱线质量的一般程序

纱线的品种繁多、用途各异，对产品质量的要求也各有侧重。实验室制订质量检验方案时，要考虑产品的用途和特性以决定测试的要求，对一般常规品种的纱线，可采用下述程序对纱线产品质量进行检测（图2-10）。

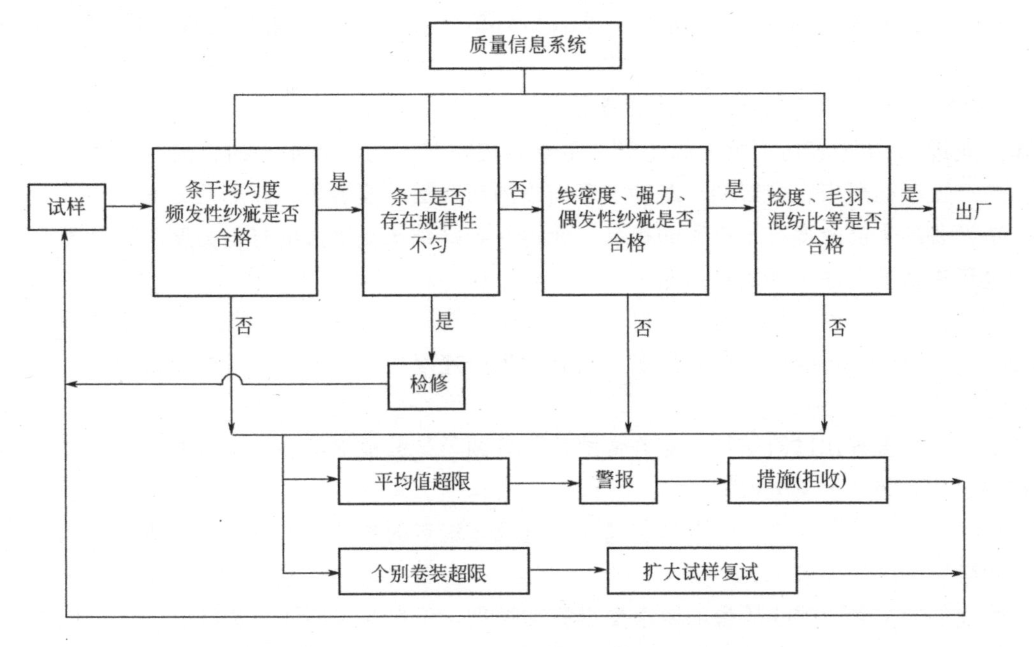

图2-10　纱线产品质量检测程序

纱线试样经规定的方法湿度平衡后，一般可先进行条干均匀度试验，检验条干变异系数及频发性纱疵是否正常，同时从波谱图与不匀曲线图中检查是否存在规律性不匀。如果发现有规律性不匀波出现，应立即采取措施，查出设备或工艺上的问题加以修复，以防止扩散到后工序中，造成严重的质量问题。然后可进行线密度、强力及偶发性纱疵的试验，检查是否稳定在控制指标指标的范围内，再检查捻度、毛羽、混纺比及其他需要检验的质量指标。如果在以上项目的测试中发现有不合格的情况，要看是平均值已超过规定的界限还是个别纱管的问题。如果平均值已超过规定的界限，应及时发出警报，对生产过程进行系统检查和复试。若是个别卷装的数据超限，可扩大试样再复试，以判定是否确实存在质量问题。

作为纺纱企业质量控制的检验，应主要以细纱的管纱取样做实验，便于及时发现问题和解决质量问题。对出厂产品做交接验收，则应以筒子纱取样做试验，以反映将出厂的纱线产品质量。

（六）纺纱厂纱线质量控制的体系

在纱线质量的控制过程中，首先要合理选用原料，它是纱线质量保证的基础工作；其次是确保设备状态良好，优选纺纱工艺参数；最后，加强操作和空调等各项基础管理工作。质量指标包括国家产品标准、用户协议、乌斯特统计值等，要根据企业的具体情况合理选用。在实验室的离线检测时，将测试后的半制品和纱线成品的质量数据与预定质量标准进行对比。比较的结果有两种情况，一种是合格的，在控制的质量标准范围内，这种情况可以交付给用户和后道工序；另一种是不合格的，在控制的质量标准范围外，在这种情况下，要立即分析，查找原因，采取有效的技术措施，从原来、设备、工艺等方面进行质量追踪。在以上方面做出针对性的调整后，要及时取样，再次检验样品，并验证质量问题是否已经完全解决，直到能正常生产出合格的产品。新型现代纺纱设备上部分采用在线检测技术，它可以在车间设备上进行现场检测，能对半制品和成品全部进行检测。如果发现有偏离质量指标的情况，可以及时和自动进行有关调整，保证产品质量量控制在规定的范围之内，问题限制在最小范围之内，以防止质量疵点在半制品、成品和后道工序中扩散，避免出现全面的质量事故。

（七）新形势下纺纱厂质量管理的特点

纺织工业近20年来经历了重大的变革，主要表现在技术与装备水平的提高。这些变革对纺纱生产产生了前所未有的影响。纺纱工序面临的新挑战主要表现在以下几方面。

(1) 新设备的生产速度有了极大的提高，使得纺织纤维承受更大的打击力度。并且不允许在加工过程中前道工序出现质量问题。

(2) 生产机器的配台数越来越少，但产量却越来越高。一个有缺陷的机器对整个纺纱厂的运转和质量所造成的影响比以前大得多。较高的生产速度和较少的生产机器使得因停产所造成的损失非常大。

(3) 纺纱工艺流程比以前缩短。随着带短片段自调匀整的梳棉机和并条机的出现，并合道数正在减少，有些甚至完全取消。

(4) 纺纱后道工序所允许的疵点越来越少，要求无疵点的长度越来越长，以适应织机速度的提高和染整工序的要求。

(5) 纱线的购买者对纱线质量的要求变得更加挑剔，不仅要求纱线质量能适应进一步加工和最终成品的外观，对次等品也难以容忍。用户的要求是根据质量规格在一批交货中达到无疵点。

(6) 国内国际竞争日趋激烈，原料占整个纱线成本的比例达50%～70%，因此，纤维的价格、质量和变异不仅决定纱线的使用性能，也决定了纱厂的利润率。如何更深入了解原料的可纺性和控制原料的变异对保证质量，降低成本，至关重要。

(7) 原料变动频繁，原棉中混入的异物、异性纤维也增多，对后道工序造成非常大的损失。而一些技术人员对原料认识不足，对本应在配棉中控制的因素没有给予应有的考虑。

这些新的挑战，对纺纱厂的质量管理工作提出了新的要求。

第三节 现代纺纱厂离线质量监控技术

离线检测和控制是指对产品的质量检测与分析都是离开生产线进行的，其方法为取样→检测→分析→调整。例如，对熟条的定量控制是，先由实验室工作人员在生产机台上取样，到实验室进行定量检测，将检测结果经过分析，如定量超出规定标准时，便发出调车通知书，再由车间技术工调换相应的牵伸变换齿轮。这种方法，从取样到调整需间隔一定时间，质量控制有一定的滞后性，且取样数量少，代表性差，使产品质量得不到及时控制。因此，这种方法仅能对产品在一段时间内的质量趋势起到平稳的调整作用。

离线质量检测方法主要有以下几种。

1. 感官检验法

靠手摸眼看评定质量。例如，检验纱线条干所采用的看黑板条干来评定纱线短片段条干不匀就是感官检验。此方法是将被检验的纱线首先均匀地绕在黑板上，在一定距离和照度下，和标准样照进行对比评定。这种检验虽然是以目测为依据，但在检验过程中能清楚地反映出纱条中不匀的具体内容和性质，如粗节、细节、阴影和白星等。有助于寻找造成疵点的原因，以便于在工艺上进行改进。采用感官检验方法要求检验者要具有丰富的经验。但采用感官检验的检验数据可靠性差，目前采用较少。

2. 测长称重法

测长称重法也称切断称重法，是测定纱条粗细不匀最基本、简便和准确的方法之一。目前，纺纱厂中的条子、粗纱、细纱的长片段粗细不匀，普遍采用测长称重法进行测定。

3. 仪器检验法

用仪器来代替手摸眼看的感官检测，检验数据可靠性强。常用的测试仪器主要有条粗条干均匀度试验仪、乌斯特条干均匀度试验仪、偶发性条干不匀的仪器检测仪。

第四节　现代纺纱厂在线质量监控技术

纱线质量在线检测是在生产过程中直接对在半制品和成品进行质量指标的测定。测试的工作是连续的和自动的，它与纺纱生产同时进行；测试结果的实时信息，不仅可以通过质量控制系统对纺纱设备进行自动的调整或清除掉疵点，而且还可以或发出警报，或自动关停机台的运转。在实验室测试过程中，测试结果的数据可显示、打印、储存和统计，传输到质量信息系统，然后进行分析。在线检测装置在测定产品质量的同时，也收集到设备运转的情况和数据，为质量管理和生产管理都提供了有用的信息。随着纺纱设备向优质高产、高效能、连续化、自动化和智能化方向发展，在线检测已经成为纺纱技术和纱线质量控制的重要内容和关键手段。

一、纱线质量在线检测的技术特点

(1) 在线检测是连续的检测，可以包括产品的全部，因此信息量较完整。在线检测是与实际生产同步进行的，得到的是实时信息，其特征是及时性好、速度快、准确性大，一旦发现问题就能立刻进行处理，使质量问题限制在一定的局部范围内，不会扩散到全局，可以避免造成严重的后果。

(2) 在线检测装置可以设置警报或设备自停功能，使人为的延误得以避免，保证了质量信息的快速反应。

(3) 在线检测装置与自动控制机构结合，可以构成自动调整工艺或自动清除疵点的功能，使产品质量得到有效的控制。

(4) 在线检测装置采集到的质量信息，通过网络传输到工厂的质量信息系统，成为工厂质量控制的基础。

(5) 在线检测装置同时收集到的设备运转情况，如产量、断头、停台、效率等，可以提供生产管理实时的与统计的数据。

(6) 在线检测可测试纱线半制品或成品的条干变异、外观疵点、表面毛羽及重量偏差等质量特性，但不能测试如强力、耐磨、捻度等需要破坏性的检验，或染色性能、混纺成分等需要再加工处理的检验。

(7) 对于细纱机等多单元的设备，考虑到结构上和成本的因素，目前逐锭设置在线质量检测装置的机型还非常少。但转杯纺等新型纺纱设备，已经可以采用在线质量检测技术。

二、纱线质量在线检测的应用

在线检测是纺纱过程质量控制的重要手段，它不仅提供产品的质量信息，而且是纺纱设备自动化的组成部分。

(一) 前纺设备的条子质量在线检测与自调匀整

传感器装在条子输出罗拉之前，能够精确地测出条子体积的变化，通过计算机处理而转换成条子的重量变化，从而测出条子的重量偏差和条干变异系数等数值，可以得到瞬时值、统计值及有关的曲线图。如果测出数据超过设定极限时，可以自动报警或停车。条子的在线检测与自动匀整装置配合，使生条和熟条的质量能够得到有效的控制。

(二) 络筒机的电子清纱器与生产监控系统

络筒工序是纺纱生产的最后阶段，起着最终质量守关的作用。电子清纱器技术已日益完善，功能也不断扩展，从原来的单纯的切除偶发性纱疵的粗细节功能，现在可以同时检测纱线的条干变异系数、毛羽、错特、异性纤维等疵点，已经成了多功能的质量检测装置。在结构上采用的有电容或光电及光电和电容复合的检测头，为扩展检测功能发挥作用。由于计算机技术的应用，在清纱设定上更为快捷和合理，提供的数据与质量信息也更为丰富，也可以与统计值作比较。络筒机监测系统的采用，对络筒机生产的各项参数，包括络筒机的速度、效率、切疵点数、定长、防叠和张力控制等，均已列入监控的内容，使在高速络筒的条件下，筒纱质量能够得到有效的控制。

(三) 异性纤维的在线检测与排除

目前，对检测棉花中夹杂异性纤维的技术发展很快，不仅可以节省大量人力，而且提高产品质量。已有采用CCD高速摄影或光电传感器及超声波加光电、静电加光电等多种原理的在线异性纤维检测装置在清棉机上被采用，利用空气喷嘴将检测到的异性纤维从已经开松的棉流中排除掉。随着技术上不断完善，其检测效率也逐步提高。

同时，在新型电子清纱器上也增加了清除异性纤维的功能，使前纺遗留的残余异性纤维，在最后的络筒过程中能够清除掉。

三、在线检测与离线检测结果的对比

在线检测与离线的实验室检测，由于试样数量、试验参数、测试环境条件和检测装置的系统不同，所以测试结果的数值必然存在差异。以并条机的条干均匀度检测为例，并条机在线检测是在车间环境下连续地测试，试样可以是产量的100%，条子是以1000m/min以上的高速运行；而离线的实验室检测是在实验室的标准大气条件下，用条干测试仪测试，日常每次条子试验量只有百米左右，测试速度一般仅25～50m/min。因此，在这两个不同的检测系统中，测得的数值必然不可能完全一致。但是在一定的条件下，两者测出的数值可以有较好的相关性。

以下是乌斯特公司发表的报告，用该公司设备做的2次对比试验，摘要如下，可做参考。

2003年欧洲的一个工厂，纺纯棉50tex（20公支）普梳纱，使用自动络筒机，配USTER QUANTUM电子清纱器，与实验室用USTER4条干仪同时测试条干变异系数、毛羽指数、棉结、细节做对比（表 2-1）。

表 2-1　在线与离线检测结果的对比

指　　标	USTER4 条干仪测出的平均值	USTER QUANTUM 清纱器
条干变异系数 CV_m	13.78	13.02
毛羽指数 H	7.28	7.67
棉结(+140%)	139	172
细节(−40%)	64	55

知识扩展：现代纺纱厂纱线质量的全检与信息化管理

纱线质量的全检是各工序都对制品的各项指标进行在线监测与控制，如清棉自动检测棉包高度并控制棉箱存储量；梳棉工序自调匀整，在线检测棉结杂质含量，指挥机器自动调节锡林-盖板隔距，根据针布状况进行盖板、锡林针布磨针；并条机的突发性疵点报警并停车功能，可杜绝任何突发性纱疵流向下游；细纱机上的纺纱机器人可检查处理每个锭子运转情况，完成换粗纱、细纱接头、清洁工作。每个锭子均由计算机控制，存储基本参数，时时进行检测，随时报告各锭子纺纱质量情况。络筒机上配电子清纱器，有自动验结、在线检验纱疵功能。细络联可将络筒机上有缺陷的细纱追踪到锭子，把质量事故消灭在初始阶段。

纱线质量管理信息化是将传统的质量管理活动转变为“电子事务”的过程，构建质量信息化管理系统，包括质量信息的采集、传输和应用三个主要方面。质量信息的采集是信息化的基础，没有实时、准确的数据，就没有质量信息，管理也将无从实现。新的纺机设备都采用现代控制技术和新型驱动技术，以实现纺机设备的数字化。把纺机上在线检测的质量数据与各项生产技术参数通过网络通信，将实时信息传送到工厂管理系统，同时可通过纺机的自动化控制装置，对设备进行自动调整，以保证产品质量控制在设定范围内。现代电子质量测试仪器也都具备了网络接口，质量测试数据可及时通过实验室的网络传输到工厂的质量管理系统，从而实现质量信息的实时、准确地采集。

纺纱厂的质量信息管理系统是纺纱厂信息化管理系统的重要组成部分。纺纱厂的管理部门可应用得到的质量信息，及时发现生产上的问题并采取措施，达到保证产品质量、满足用户要求和提高企业效益的目的。

1. 条子专家系统（USTER sliver expert）

该系统通过采集和分析安装在并条机、梳棉机、精梳机上的棉条自调匀整装置（sliver control）、棉条报警器（sliver alarm）或条子检测系统（sliver guard）中的数据，以监测前纺的生产过程。该系统对条子的任何质量偏差都能迅速反应，并能分析条子产生周期性不匀疵点的原因，在线监测机器的产量、速度、效率，可以提供长期报告和趋势分析。

2. 条子监测系统（USTER guard）

该系统是在线的条子质量监测和自调匀整装置，采用模块组件结构，可安装于并条机、梳棉机和精梳机上，监测和保证条子的质量。其功能有直接连续地监测条子的线密度、条干变异系数、周期性疵点（波谱图）和粗节等。当超过设定范围，系统即报警和停机。其可以随时调用所有的质量数据和图表。其测试系统的传感器具有很高的测试精度，在高速条件下能测出 1.5cm 短片段不匀。

3. 环锭纺专家系统（ring expert）

该系统采用装在细纱机钢领板上连续巡回的探测器，监测每个锭位是否断头并发出信号，可及时发现细纱的断头频率增加，以便解决。细纱的断头直接关系到纱的质量与管纱的成形，因此该系统可以监测和消除异常的细纱锭位，并在线监测细纱机的产量和生产效率等数据。

4. 电子清纱器专家系统（quantum expert）

安装在络筒机或转杯纺等新型纺纱设备上，可以在线监测粗节、细节、错特、异性纤维、异物等各类偶发性纱疵的质量数据；自动检测超出一定质量的纱锭或络筒位置，可模拟纱疵分级和织物上的纱疵，实现对电子清纱器的中央遥控设定，能快捷地优化清纱曲线，提供分批的和长期的质量报告及趋势分析图表，并能集中监测机器产量、效率等数据。

5. 实验室专家系统（lab expert）

该系统能连续不断地处理来自纤维和纱线质量测试仪中的数据，能自动监测测量值、简化故障查找，并为纺纱厂质量控制提供有用的信息。其主要功能有核对测试数据，发现非正常值，检测并帮助解释周期性疵点，将产品质量与设定的指标做对比或与内置的乌斯特统计值对比，模拟纱线黑板条干及机织物、针织物外观，提供长期分析报告及非正常的数据报告。

6. 纺纱厂的数据管理系统（mill data）

各车间、部门的数据通过网络的传输，收集到厂级的数据管理系统中作高层次的互联，用以集中处理质量与生产的数据，作出生产全过程的产量和质量控制，与市场用户要求相协调。图 2-11 为传统纺纱厂与自动化新型纺纱厂质量信息传输的对比。

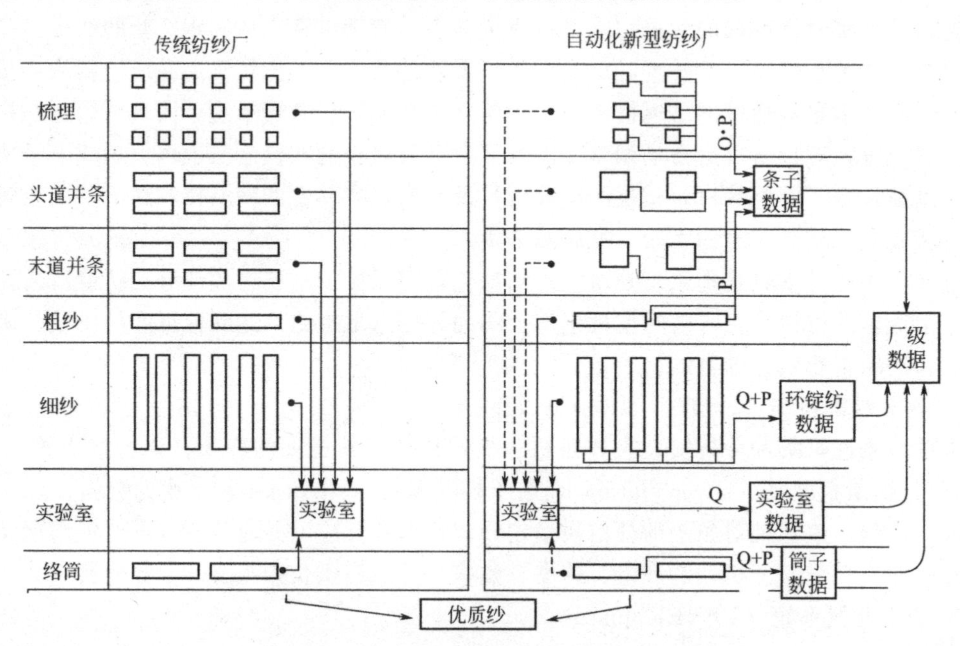

图 2-11 传统纺纱厂与自动化新型纺纱厂质量信息传输的对比

Q—质量数据；P—生产数据

传统纺纱厂的质量信息是靠人工从生产过程中取样，在实验室进行测试并整理成报告，报送质量管理部门进行分析与处理。而自动化纺纱厂一方面是生产现场的实时质量信息，另一方面是实验室取样测试结果信息，这两方面信息都可通过网络及时传送到质量管理部门。传统纺纱厂的信息量取决于取样试验量，信息的传输靠人工，时间滞后，而且人为因素多。

有时甚至会在织造时才发现突发性疵点，再反馈到纺纱工厂。而自动型纺纱厂在线监测的信息量大，部分质量指标可实现产品100%检验，漏验可能性少，信息传输快，加之可设置报警、自停等功能，使质量疵点可局限在纺纱过程中，发现质量问题及时处理，使纱的质量有保证。

思　考　题

1. 叙述棉纺产品检测中存在的问题。
2. 叙述现代在线检测的意义。
3. 叙述产品质量管理的发展阶段。
4. 叙述全面质量管理的基本方法。
5. 叙述纺纱质量管理控制的统计方法。
6. 叙述建立纺纱厂质量保证体系的意义。
7. 叙述现代纺纱厂离线质量监控技术的特性和方法。
8. 现代纺纱厂在线质量监控技术的特性和方法。
9. 叙述纱线质量在线检测的技术特点。
10. 纱线质量在线监控包括哪些内容？

第三章　纱条不匀的分析与控制

本章知识点

1. 纱条不匀的分类。
2. 纱条不匀与片段长度之间的关系。
3. 纱条不匀的构成。
4. 纱条不匀的表示指标。
5. 纱条不匀的测试方法。
6. 纱线条干的实物检测法。
7. 纱条不匀的分析。
8. 提高条干均匀度的措施。
9. 熟条重量不匀率的控制。

第一节　纱条不匀概述

纺纱厂生产棉纱和织布厂使用棉纱时，总是期望棉纱在整个长度方向上粗细尽可能一致。在现有的生产条件下，要做到棉纱在整个长度方向上粗细完全一致是不现实的，纱线上总会存在一定的不均匀，这种在棉纱长度方向上横截面的粗细均匀程度称为纱线的条干均匀度。

纺织品的质量与纱线条干均匀度密切有关。当半制品均匀度降低时，细纱的均匀度也相应降低；细纱条干不好，纱线的强力便会降低并影响织物的强度。用不均匀的纱线织造时，在织物上会出现各种疵点和条档，影响外观质量。针织生产对纱线均匀度的要求一般比机织更为严格。在针织加工中，纱线条干不匀或存在纱疵，会使正常的成圈过程受到破坏，有时还会引起断针。在轮胎帘子线的制造中，纱线条干的过度不匀会在生产过程中出现螺旋疵现象，即邻近纱线互相缠绕，从而使加工过程和产品质量都受到影响。此外，纱线条干不匀会使纺纱和织造的断头率提高，以至降低劳动生产率。纱线条干不匀对纱线本身质量、后道工艺加工、织物质量都有影响。纱线细度不匀较大时，纱线上粗细节较多，细节形成的强力弱环增加，使强力下降，强力不匀率增加，织造时断头率增加，有时会造成疵品，甚至轧坏机件；纱线条干不匀会造成短片的捻度不匀，捻度不匀又会影响纱线强力、耐磨性、弹性等，最终影响织物手感、毛羽、甚至形成紧捻、色差、横档等织疵；条干不匀是织物评等的主要依据，用条干不匀的纱织造，织物会产生各种疵点，严重影响织物外观质量，造成疵品。纱线条干均匀是布面条干均匀的决定因素，只有优良的纱线条干才能形成优良的织物外观。如果纱线条干均匀，纱疵少，则布面平整丰满，纹路清晰；反之，就会影响布面质量。因此，条干不匀是控制纱线质量的关键。

一、纱条不匀的分类

纱条不匀主要包括代表短片段不匀和中片段不匀的条干不匀以及代表长片段不匀的重量不匀。纱条不匀种类很多，按纱条不匀性质可分为结构不匀和粗细不匀，按纱条不匀的形式可分为周期性不匀和非周期性不匀，按产生的原因分为随机不匀和附加不匀，按检验的范围分为内不匀、外不匀和总不匀。此外，纱条不匀还有强力不匀、捻度不匀、毛羽不匀、混合不匀等。

二、纱条不匀与片段长度之间的关系

纱线上出现不匀的间隔长度是纤维长度的 1～10 倍，约 1m 间隔以下的不匀，称为短片段不匀；出现不匀的间隔长度是纤维长度的 10～100 倍，间隔约几米的不匀，称为中片段不匀；出现不匀的间隔长度是纤维长度的 100～3000 倍，间隔约几十米的不匀，称为长片段不匀。用短片段不匀较高的纱进行织造时，几个粗节或细节在布面上并列在一起的概率较大，容易出现布面疵点，对布面质量影响较大（图 3-1）。由长片段不匀的纱线织成的布面会出现明显的横条纹，对布面影响也大。相对而言，采用中片段不匀的纱织造时，布面出现疵点的明显度稍低一些，而且与布幅有关，当呈现某种倍数关系时将出现明显疵点（条影或云斑），如图 3-2 所示。

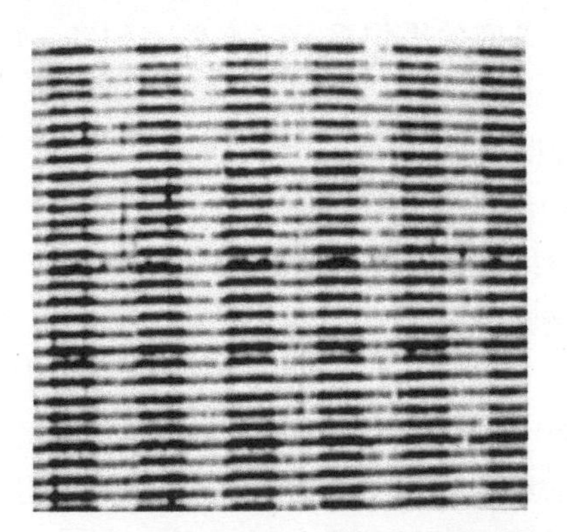
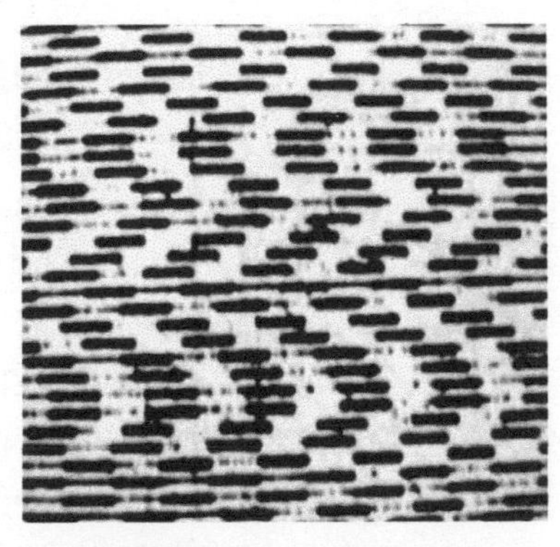

图 3-1　短片段不匀在布面上呈现的条影

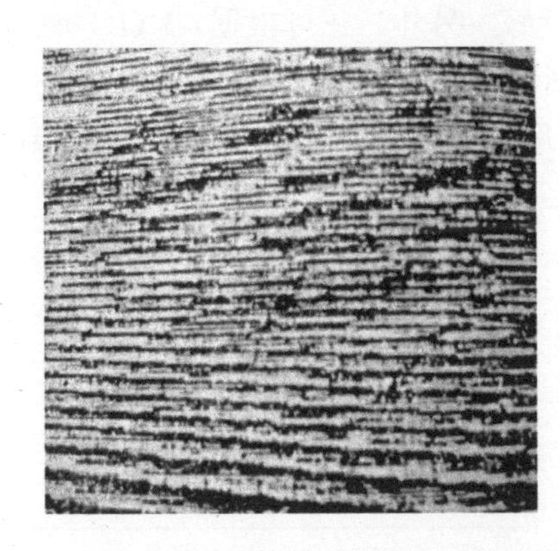
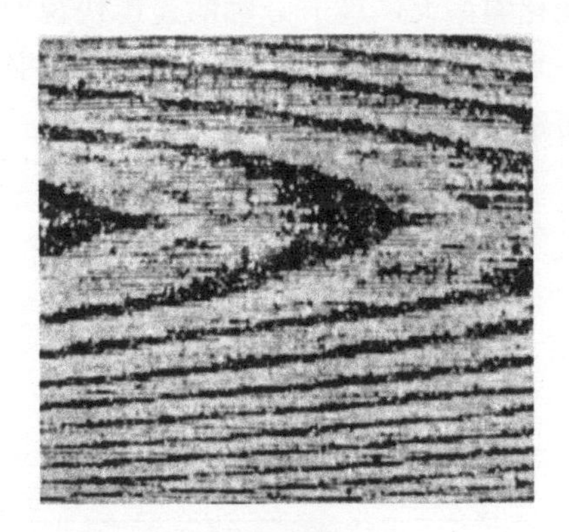

图 3-2　中片段不匀呈倍数关系在布面上呈现的席纹条影

纱线不匀率数值与实验片段长度关系密切，不同片段长度求的 CV 值不同。为了说明纱线不匀率与片段长度之间的关系，将纱线分成很多长度相等的片段，由此求得片段之间的不匀率，称为外不匀率，用 $CB(L)$ 表示；而每一片段内部还存在粗细不匀，将任一片段长度内部再划分成若干小片段，由此求得此片段内部的不匀率，称为内不匀率，用 $CV(L)$ 表示；将所有纱线都分成小片段，可求得纱线整体不匀率，称为总不匀率，用 $CV_{总}$ 表示。对取定试验片段长度为 L 时，外不匀、内不匀和总不匀三者之间的关系如下。

$$[CV(L)]^2+[CB(L)]^2=CV_{总}^2 \quad (3\text{-}1)$$

测定不同长度纱线的内不匀与外不匀，以片段长度为 x 轴，以不匀率为 y 轴，可得到外不匀率 $CB(L)$ 曲线和内不匀率 $CV(L)$ 曲线，称为变异长度曲线。

由于测定方法的限制，试验片段长度总是有限的，设为 L。$CV(L)$ 是 L 长度纱条内的不匀率数值，以均方差系数表示。纱条取样片段长度 L 值愈大，不匀出现的概率愈大，即 $CV(L)$ 值随 L 增大而逐渐增高，并趋近于总不匀率 $CV(\infty)$ 值。图 3-3 中 $CV(L)$ 曲线经过原点，曲线在起始段对 L 值有近乎直线的关系，随着试样长度 L 进一步增大，CV 值的增长率逐渐减少。对一般纱条，当所取试样长度在 10m 以上时，CV 值已接近总不匀率定值。$CB(L)$ 为多根 L 长纱条间的平均重量均方差不匀率。曲线形态和 $CV(L)$ 曲线恰相反，当 L 趋近于 0 时，$CB(0)$ 等于总不匀率，随着 L 增加，$CB(L)$ 逐渐趋向于 0，即长片段间的不匀率随纱条片段长度增加而减少。

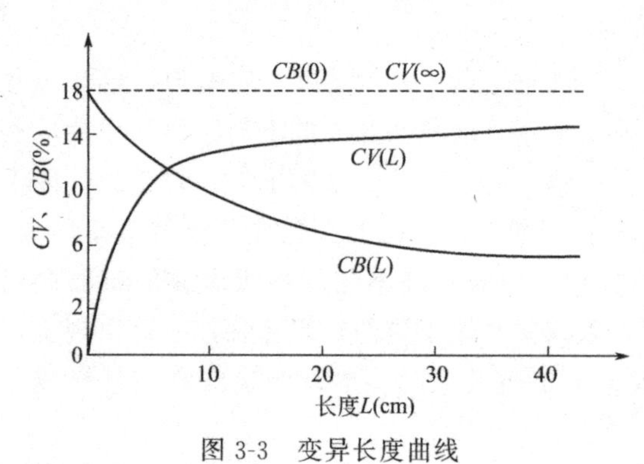

图 3-3 变异长度曲线

各道工序的不同制品，如生条、熟条、粗纱和细纱等，虽然内、外不匀与纱条片段长度之间有相同的规律，但其 $CV(L)$ 与 $CB(L)$ 的曲线形态是不同的；加工过程或前纺后纺工艺对纱条处理不同，尤其是并合数的改变，都会造成曲线形态的变化。

变异长度曲线是表征纱线不匀结构性能的一个良好标志，在实际生产中，可用曲线变化程度分析纱条不匀率的结构。如 $CV(L)$ 曲线趋近于 $CV_{总}$ 或 $CB(L)$ 曲线趋近于零的速度越缓慢，说明纱条长片段不匀率大，该纱线织成的织物有明显的条影和条花。即 $CB(L)$ 曲线→0 的变化程度可反映产品的不匀好坏，变化斜率大，说明产品质量好。如图 3-4(a) 中精梳纱变化斜率大，趋于 x 轴的速度快说明其质量好。另外，还可根据 $CV(L)$ 曲线在原点处的斜率来比较短片段不匀的大小。若斜率大，则该纱线短片段不匀率大，织成的织物上会形成短而密集的云斑、条影疵点。如图 3-4(b) 中虚线代表的产品具有较大的短片段不匀。

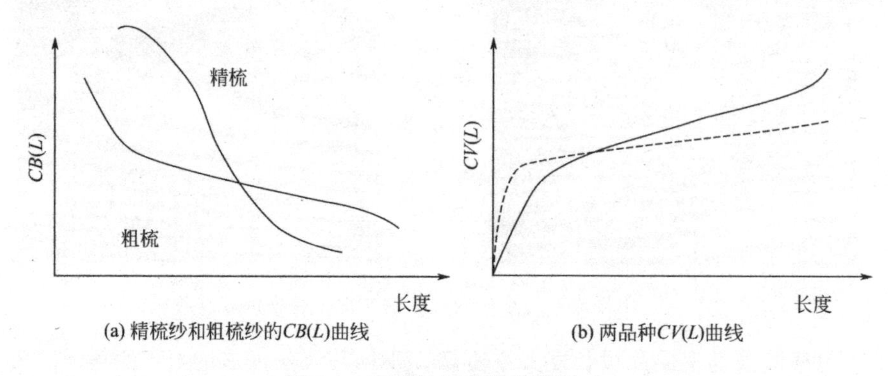

(a) 精梳纱和粗梳纱的CB(L)曲线　(b) 两品种CV(L)曲线

图 3-4 变异长度曲线的应用

三、纱条不匀的构成

纱线是由纤维经过多道纺纱工序纺制而成的。在这个过程中经过多次并合与牵伸，使得纱线不匀率的构成非常复杂。为了便于分析，按产生纱条不匀的原因，可把纱条不匀分为四个部分，并以波谱图来表示。

1. 随机波不匀率

由纤维随机排列而产生纱条不匀。根据短纤维纺纱原理，理想纱条可以假设由纤维随机排列而组成，这种随机排列的纱条具有一定的不匀率，称为随机不匀率，数值与纱条截面中平均纤维根数的平方根成反比，纤维根数少时随机不匀将增大。就目前所采用的纺纱设备而言，即使在工艺和机构条件十分理想的条件下，也不可能得到绝对均匀的纱线。所谓工艺的理想条件，即指组成纱线的所有纤维是等长的、等直径的，且在纱条中是完全平行伸直的，同时在沿纱条的长度方向随机分布。这时纱线断面中的纤维排列属于波松分布，使得纱线有一最低的理论不匀率。与之相对应，就有一个理论的波谱图，如图 3-5 所示。

当纤维不等长时，棉纤维可以用近似的方法计算理想纱线的波长谱（此时的理想纱条为纤维伸直平行、随机排列）。如将棉纤维的实际拜氏图以图 3-6 的近似图形来代表，即得适用于普梳棉纱的理想波谱曲线，理想纱条波谱图的最高峰处于纤维平均长度 2.86 倍的波长处。

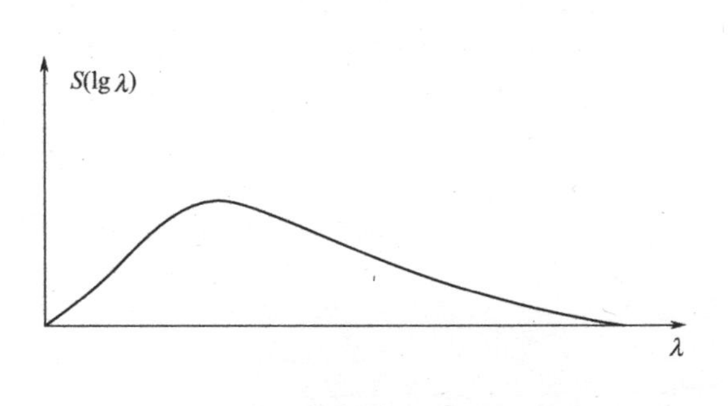

图 3-5　等长纤维排列的理论波谱图

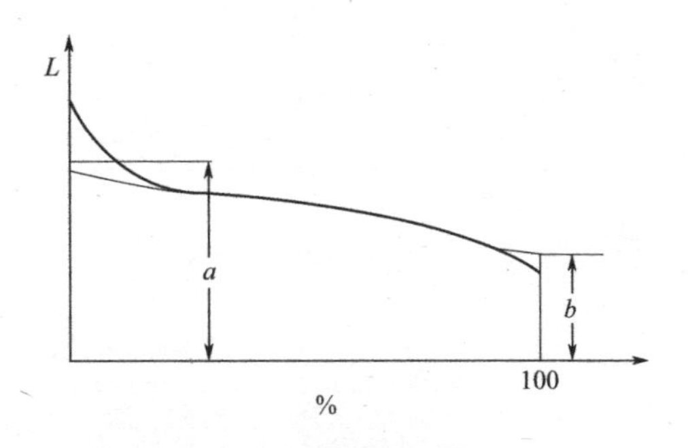

图 3-6　棉纤维拜氏图

$$\lambda_{max}=2.86\overline{L} \tag{3-2}$$

$$\overline{L}=\frac{a+b}{2}$$

不同长度纤维的理想波谱图，基本形状相似，主要区别在于最高峰的波长位置不同。式中 $\overline{L}$ 为重量加权的纤维平均长度。山峰形状的波谱图是由于短纤维纺纱时纤维随机分布造成纱条各断面不匀差异所致，这是不可避免。其最高峰处的波长 $\lambda_{max}=(2.5\sim3)\overline{L}$。对于短纤维化纤纱，在最高峰左侧有一峰谷，其波长位置等于纤维切断长度。气流纺纱结构与环锭纱不同，纤维在纱线中没有充分伸直，有缠结现象，导致相对纤维长度减少，故其最高峰值向左偏移。

2. 因纤维集结和工艺设备不完善造成的不匀率

在纺纱过程中，纤维不可能全部被松解分离，故纱条中仍有缠结纤维和棉束，其运动类似一根粗纤维，这相当于减少纱条断面的纤维根数，并增加了纤维粗细不匀的程度；同时纤维在纱条中也不完全伸直平行，致使纱条不匀率增加。另外，纺纱过程中各道工序的机械状态虽基本正常，但又不可能十分完善，因而也要增大纱条不匀率。这些因素所造成的不匀率在所有波长范围均有影响，波谱曲线如图 3-7 所示。

实际波谱图总在理想波谱图之上，两者高度差称为不匀指数 I，表示纺纱工艺过程的完善性和纱条均匀度达到理想的程度。不匀指数 $I \geqslant 1$，此值越小，说明设备对纤维的运动控制能力越强。不匀指数 I 用下式表示。

$$I=\frac{实际不匀}{极限不匀} \tag{3-3}$$

3. 牵伸波造成的不匀率

由于纺纱工艺参数选择不良而产生纱条不匀，如牵伸机构隔距、加压等工艺参数选择不当，造成对纤维运动控制不良，就会产生节粗节细现象，形成粗细不匀。在牵伸过程中，由于喂入纱条本身的粗细不匀和结构不匀，牵伸装置部件不够稳定以及工艺不够合理（如牵伸倍数选择不当，加压过轻过重，隔距过大过小）等原因引起纤维变速点分布的不稳定，使纱条沿其长度方向形成粗细节，这就是牵伸波。牵伸波在波谱图中表现为“小山”，每个小山的宽度可跨在连续三个或更多的频道上，如图 3-8 所示。有牵伸波纱线生产的布面如图 3-9 所示。

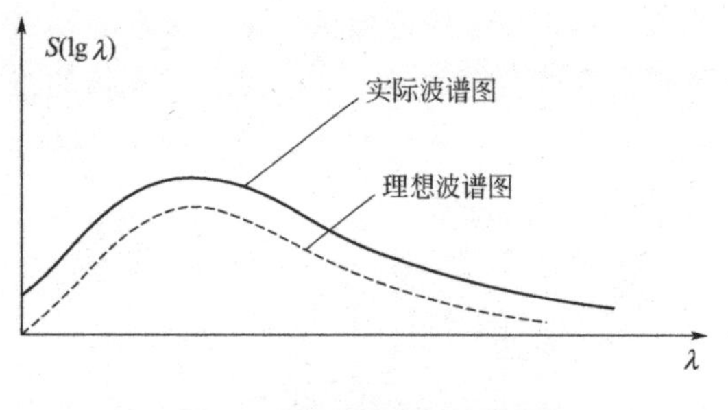

图 3-7　纱条的实际波谱图

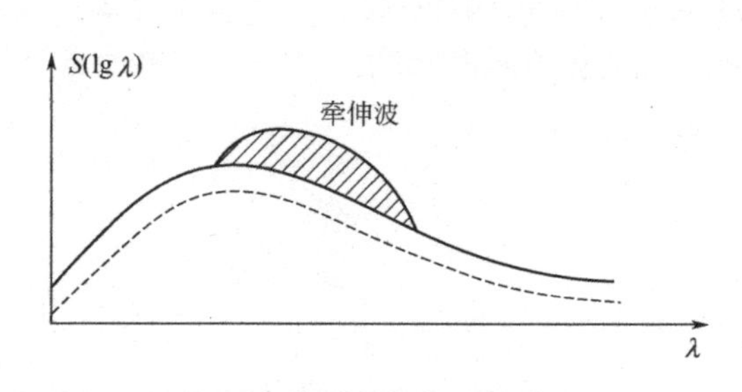

图 3-8　牵伸波形成的波谱图

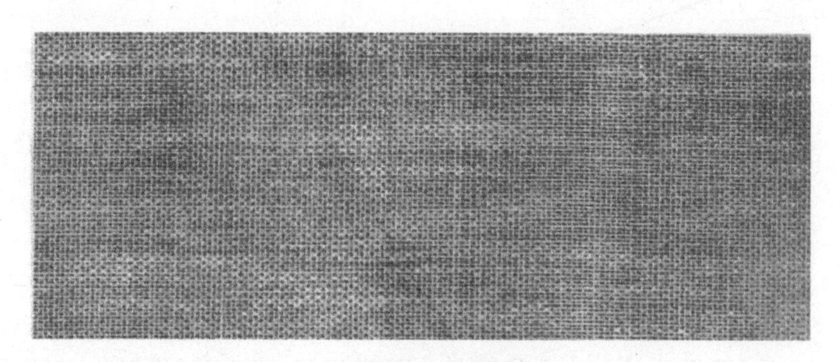

图 3-9　有牵伸波纱线生产的布面

牵伸波的自然平均波长为：

$$\overline{\lambda}=K\overline{L} \tag{3-4}$$

式中　$\overline{\lambda}$——由给定牵伸区直接输出纱条的自然平均波长，cm；

K——系数（梳棉、并条取 4，粗纱取 3～3.5，细纱取 2.75）；

$\overline{L}$——纤维平均长度（普梳棉纱可采用 29mm，精梳棉纱可采用 31mm），乌斯特公司推荐的普梳棉纱为 22mm，精梳棉为 25mm，化纤按切断长度。

4. 机械性周期不匀

由纺纱机械缺陷所产生的纱条不匀。在各道加工机器上常有周期性运动的部件缺陷（如胶辊、罗拉偏心，胶圈破损，齿轮缺齿等），会使纱条产生明显的周期性不匀，这种不匀称为机械波。常呈粗细起伏的波浪变化，波长较短的称短片段不匀，长的称长片段不匀。一般，前纺机械产生的短片段不匀，由于牵伸变长，在纱线中呈现长片段不匀；细纱机上所产生的不匀，是短片段不匀。机械波在波谱图中表现为“烟囱”，每个烟囱集中反映在一个或最多两个频道上，如图 3-10 所示。有机械波纱线生产的布面如图 3-11 所示。

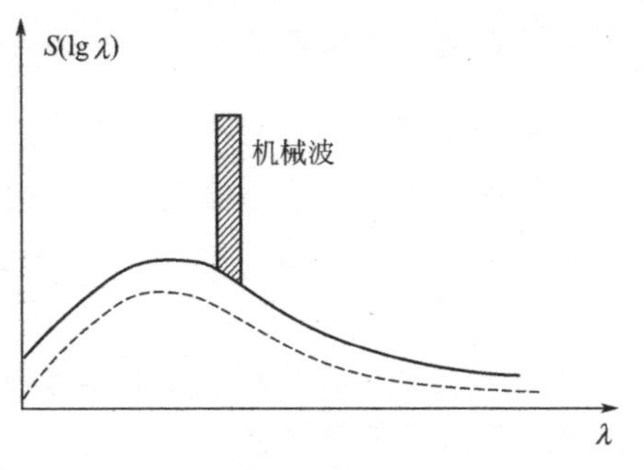

图 3-10　机械波形成的波谱图

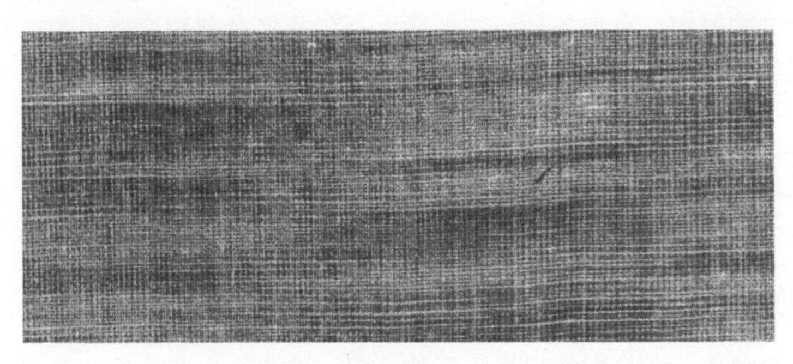
图 3-11　有机械波纱线生产的布面

如果把四种不匀率所形成的波长谱反映在一个波谱图上，其形状如图 3-12 所示。

此外，还有偶然事件引起的不匀。此类不匀往往原因特殊，如飞花黏附、齿轮嵌花、横动导杆出位、操作不良、空调故障、棉糖黏辊等，大多数表现为疵点的上升或特大疵点的出现，有时也表现为机械波。

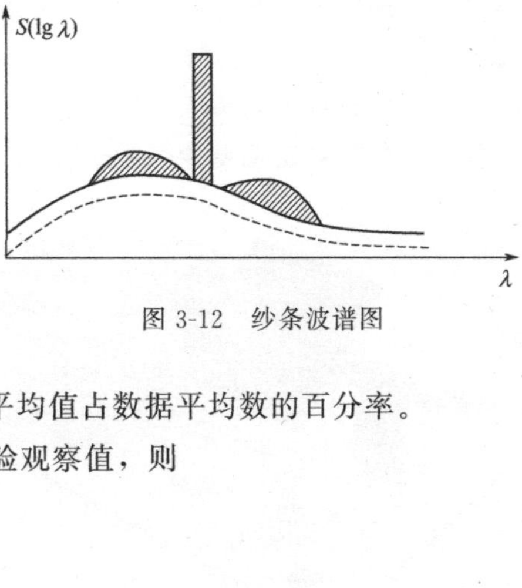

图 3-12　纱条波谱图

四、纱条不匀的表示指标

1. 平均差系数 H

平均差系数指各数据与平均数之差的绝对值的平均值占数据平均数的百分率。

设 x_1，x_2，x_3，…，x_n 为纱条单位片段的试验观察值，则

$$H=\frac{\sum_{i=1}^{n}|x_i-\bar{x}|}{n\bar{x}}\times 100\% \tag{3-5}$$

2. 变异系数 CV

变异系数指均方差占平均数的百分率。均方差是指各数据与平均数之差的平方的平均值之方根。计算公式如下。

均方差（标准差）公式为：

$$S=\sqrt{\frac{\sum_{i=1}^{n}(x_i-\bar{x})^2}{n-1}} \tag{3-6}$$

变异系数（即标准差不匀率）公式为：
$$CV=\frac{S}{\bar{x}} \tag{3-7}$$

3. 极差系数η

数据中最大值与最小值之差占平均数的百分率称为极差系数。
$$\eta=\frac{\sum(x_{max}-x_{min})}{\bar{x}}\times 100\% \tag{3-8}$$

其中x_{max}、x_{min}分别为各个片段内数据中的最大值和最小值。

在常态分布的条件下：
$$CV\approx 1.253H \tag{3-9}$$

根据国家标准的规定，目前各种纱线的条干不匀率已全部用变异系数表示，但某些半成品（纤维卷、粗纱、条子等）的不匀还有平均差不匀或极差不匀表示的。

第二节 纱条不匀的测试方法

一、测长称重法

用缕纱测长器摇取一定长度的绞纱若干绞，每一绞称为一个片段，分别称得每一绞纱的质量，代入条干不匀率公式求得片段间质量不匀。测长称重法也称切断称重法，是测定纱条粗细不匀的最基本、简便、准确的方法之一。目前纺纱厂中的棉条、粗纱、细纱、捻线的细度不匀，普遍采用测长称重法测定。所取片段长度为，棉条5m，粗纱10m，细纱和捻线各100m。用平均差系数公式计算的值，在特数制中称重量不匀率，在支数制中称支数不匀率，在纤度制中称纤度不匀率。

片段长度按规定棉型纱线为100m，精梳毛纱为50m，粗梳毛纱为20m，苎麻纱49tex以上为50m、49tex以下为100m，生丝为450m。测长称重法测得的缕纱质量不匀是长片段不匀。

测长称重法耗费时间较多，对前纺半制品只适宜测定较长片段的重量不匀率。

图3-13 黑板条干仪

二、目光检验法

目光检验法也称为黑板条干法，是生产中常用的检查和评定细纱条干水平的方法。用黑板条干仪（图3-13）将纱线均匀地绕在一定规格的黑板上，然后将黑板放在规定的光线和位置下，用目光观察黑板的阴影、粗节、严重疵点等情况，与标准样照进行对比，确定纱线的条干级别。分级标准和取样评定方法各国有所不同。黑板目测法对黑板规格、检验时光照、观察距离等均有一定要求。棉纱线的条干级别分为优级、一级和二级，二级外的为三级。毛纱线评定条干一级率。

采用这种方法测试的纱线条干不匀，反映的是纱线短片段的表观粗细不匀，测试快速、简单，但不能得到定量的数据，而且测试结果会因人而异。因此，国家标准中规定纱线条干发生质量争议时，以条干均匀度变异系数为准。

如图 3-14 所示，不同细度纱线的黑板，可以看到疵点、毛羽以及条干不匀的差异。

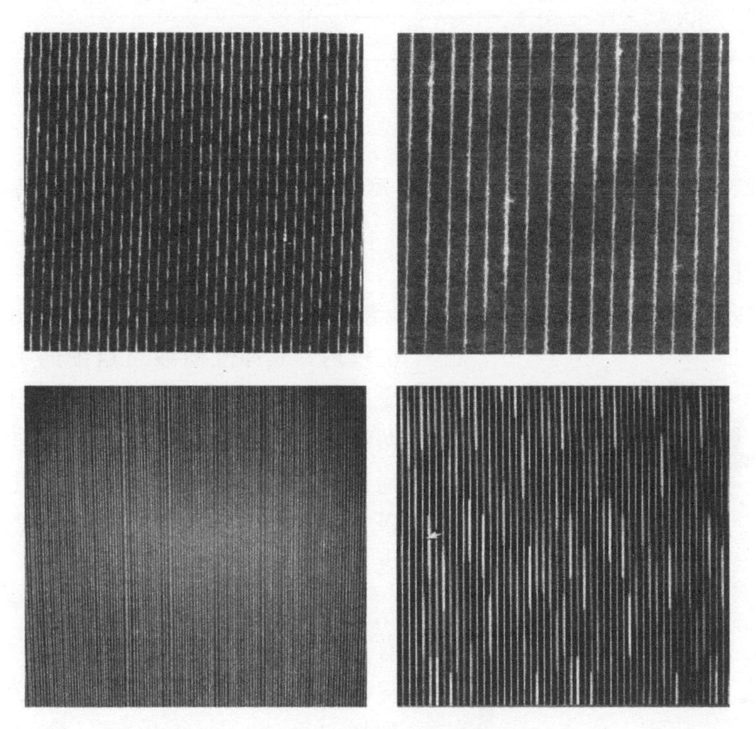

图 3-14　黑板条干

这种方法简便易行，能快速得到检验结果，但评定结果的正确性与检验人员的目光有关，所以需要定期核对和统一检验人员的目光。黑板条干法测得的不匀，比较的是几厘米至几十厘米纱线的表观直径的不匀，是短片段不匀。

黑板上阴影、粗节不可相互抵消，以最低一项评等；如有严重疵点，评为二等；严重规律性不匀，评为三等。对粗节、阴影、严重疵点和严重规律性不匀按照以下评定。

1. 粗节

部分粗于样照时，即降等；粗节数量多于样照时，即降等；但普遍细短于样照时，不降；粗节虽少于样照，但显著粗于样照时，即降等。

2. 阴影

阴影普遍深于样照时，即降等；阴影深浅相当于样照，但总面积显著大于样照时，即降等；阴影面积虽大，而浅于样照时，不降；阴影总面积虽小于样照，但显著深于样照时，即降等。

3. 严重疵点

粗节粗于原纱 1 倍、长 5cm 两根或长 10cm 一根；细节是细于原纱 1/2、长 10cm 一根；竹节粗于原纱 2 倍、长 1.5cm 一根。

4. 严重规律性不匀

满板规律不匀，其阴影深度普遍深于一等样照最深的阴影。

黑板条干品级评定见表 3-1。

表 3-1 黑板条干品级评定

黑板条干品级		优：一：二：三
棉纱定级（不低于）	优级	7：3：0：0
	一级	0：7：3：0
	二级	0：0：7：3

三、仪器测定法

目前用于测量纱条不匀的仪器有 Y311 型条粗条干均匀度试验仪和乌斯特均匀度试验仪。

（一）Y311 型条粗条干均匀度试验仪

该仪器按纱条密度利用杠杆原理而设计，纱条通过一对凸凹圆轮时，被压缩在一定宽度的槽内，其厚度随纱条粗细的不同而变化（即定宽测厚法）。这种变化经加压杠杆和指针杠杆两级放大了 100 倍左右，再通过笔尖在等速运动记录纸上描绘出纱条厚度变化曲线，即纱条条干均匀度的变化情况。Y311 型条粗条干均匀度试验仪如图 3-15 所示。

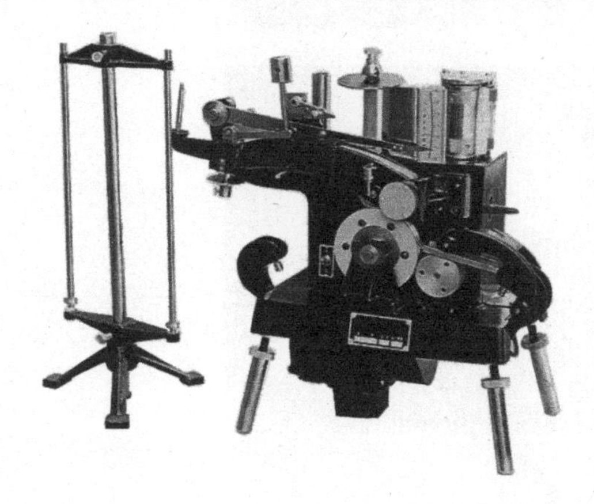

图 3-15 Y311 型条粗条干均匀度试验仪

Y311 型仪器记录纸如图 3-16 所示，纵向共有 30 格，每格为 0.1 英寸（2.54mm），相当于棉条的厚度 1/1000 英寸；采用公制及记录纸与试样 1：10 的速比时，横向一小格 $A=33.33$mm；一大格（三小格）$B=100$mm，对应于试样 1m。采用英制，速比为 1：12 时，$A=1$ 英寸（25.4mm）；$B=3$ 英寸（76.2mm），对应于试样 1 码。

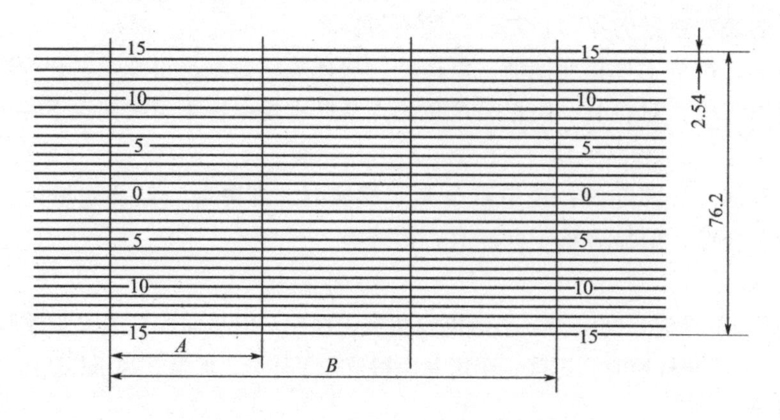

图 3-16 Y311 型条粗条干均匀度仪记录纸

常规试验时一般都用记录纸慢速（1：12 或 1：10）试验；特殊需要分析短片段均匀情况时，也可使用记录纸快速（1：1）试验。

试验数据的计算方法，除特殊需要用面积仪或积分仪计算不匀率外，一般均用目测曲线在一定长度内的最高点及最低点，用极差系数表示该片段长度的条干不匀率。

曲线读数精确度为0.1/1000英寸。理论上读数应以曲线宽度的中间为准，实际上为了目测方便，常以曲线的下方边缘为准，然后在读数上再加上笔尖宽度的一半，一般考虑为0.1/1000英寸。记录曲线常因棉结、杂质的影响而发生突跳，此时应按曲线下降与上升曲线分离处读数。计算平均厚度和不匀率，见式(3-10)和式(3-11)。

$$\text{平均厚度}=\text{基本厚度}+\frac{\sum\text{每米最高点读数}+\sum\text{每米最低点读数}}{2\times\text{试验米数}} \tag{3-10}$$

$$\text{平均每米条干不匀率}=\frac{\sum\text{每米最高点读数}-\sum\text{每米最低点读数}}{\text{平均厚度}\times\text{试验米数}}\times100\% \tag{3-11}$$

用极差系数来表示棉条或粗纱条干不匀率存有较大的不足，因为它只与计算长度内两个极端的大小有关，而不能反映中间各厚度的变异情况。为了弥补这一缺陷，在专题对比试验等较重要的场合，应尽可能计算每米条干不匀率。

除计算条干不匀率外，还须仔细观察条干记录曲线。如发现曲线有一定规律性（周期性）或有突高、突低等异常情况，即使条干不匀率没有超出规定范围，也应立即通知有关部门追查原因，组织检修。为了减少纱疵，特别是防止突发性纱疵的产生，必须做好熟条、粗纱条干不匀率试验的质量把关工作。

（二）乌斯特均匀度试验仪

乌斯特均匀度试验仪（图3-17）是应用电容原理检测纱条不匀率的一种电子仪器，是目前世界各国测量纱条不匀率应用最广泛的仪器，适用于测试各种短纤维纺制的条子、粗纱和细纱的条干不匀率。对于长丝，该仪器须加装假捻装置以消除纱条“截面效应”（即由于纱条截面形态在检测电容槽间的变异而引起的检测误差）。

图3-17　乌斯特均匀度试验仪

其检测原理如图3-18所示。由于纤维的介电系数大于空气的介电系数，纱线试样进入由两平行金属极板组成的空气电容器，会使电容器的电容量增大，当试样连续从电容器的极板间通过时，随着极板间一段纱条的质量变化，电容器的电容量也相应变化，电容量的微小变化通过灵敏度较高的放大电路和记录仪，即可得到纱线的细度不匀率曲线和相关数据。

在应用电容式均匀度试验仪时，应避免用高湿度或湿度不均匀的试样，以免发生过多的测试误差。一般先将试样在标准温、湿度条件下［温度（20±3）℃，相对湿度（65±3%）］进行湿度平衡。新型的条干均匀度仪增加了检查纱线直径、表面毛羽及尘杂的传感器，并提供模拟的黑板条干及成品（织物）的影像，并能智能分析周期性条干不匀产生的原因。

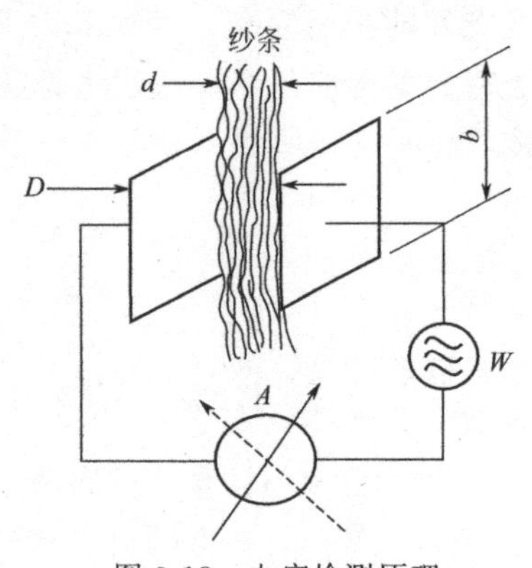

图 3-18 电容检测原理

1. 仪器组成

乌斯特均匀度试验仪包括主机、积分仪、纱疵仪、波谱仪和记录仪。

(1) 主机。将纱条的截面重量不匀转换为连续的电信号。

(2) 积分仪。将不匀信号进行积分运算，得出纱条不匀率数值。积分仪分半自动式和全自动式两种。半自动积分仪还需要根据多次积分读数加以平均，并以纱条不匀厚度数值对积分数值加以修正；全自动积分仪仅需一次读数，即能得出纱条不匀率。

(3) 纱疵仪。可按照拟定灵敏度要求，根据主机不匀信号，自动记录纱条上所出现的粗节、细节和棉结数目。

(4) 波谱仪。能将纱条不匀率按长度变化状态转换为按周期波长分布，以获得波谱分布曲线，从而可以对纱条不匀作进一步的检验和分析。

(5) 记录仪。记录纱条不匀的直观图和波谱图。

乌斯特均匀度试验仪是精确测试纱条不匀率的电子仪器。试验仪上有几个平行金属极板组成的电容器或称测量槽，各电容器两极板间的距离由大而小，以适合条子、粗纱或细纱的检测，测条子的测量槽极板宽为 16mm，测细纱的测量槽极板宽为 8mm。

乌斯特条干均匀度试验仪可读出被测纱条条干粗细的变异系数（或平均差不匀率）数值及细纱上的粗节、细节、棉结数值，并可画出连续的不匀率曲线图和波谱图，以提供对纱条不匀率的结构进行分析，判断周期不匀产生的原因，便于及时检查和调整纺纱工艺，修整损坏的机件。

2. 仪器的主要功能

(1) 显示和打印不匀率曲线，其横坐标表示纱线的长度方向，纵坐标表示纱线的粗细，纵坐标“0”处，表示纱线的平均细度位置（图 3-19）。不匀率曲线能直观表示纱线的条干均有情况。

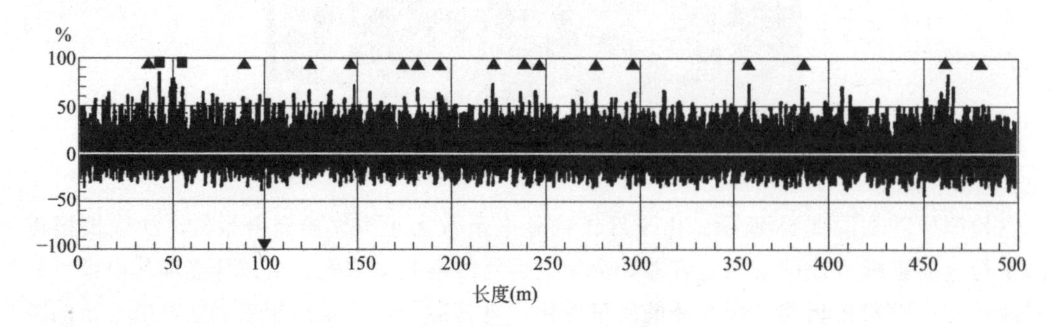

图 3-19 不匀率曲线

(2) 显示和打印纱线的不匀率 CV 值和条干不匀平均差系数 H 值。成纱条干均匀度（短片段不匀）可以用黑板条干均匀度或乌斯特条干均匀度变异系数（简称条干 CV 值）来确定。二者是对同一指标的两个不同概念的示值，前者是以形定性，后者是以值定量。黑板条干反映的条干不匀与布面反映关系密切，评定品等有一定的逻辑性；乌斯特条干 CV 值反映的是 8mm 长的纱线短片段之间的不匀程度，具有数字表示的精确性。黑板条干依赖于检

测者的视觉，乌斯特条干 *CV* 值以子样平均数表示，消除了个体之间的差异，因此，它们各有特点。GB/T 398—2008 标准规定，条干均匀度检验由生产厂选用黑板条干均匀度或乌斯特条干均匀度变异系数中任何一种，一经确定，不得任意变更。当有质量争议时，以乌斯特条干 *CV* 值为准。这样，既兼容了两种表示方法的优点，又照顾到了企业的实际情况。

通过部分地区对黑板条干和乌斯特条干 *CV* 值的相关关系研究（表 3-2），初步认为二者成正相关，黑板条干水平高，条干 *CV* 值就低。如纯棉 18.22tex（32 英支）纱出现二级板，*CV* 值要上升 1%；有的条干 *CV* 值在 0.3%～0.5%以内波动，黑板条干表现不明显，如果条干 *CV* 值超过 1%的波动，布面质量也随之波动。有时在黑板上出现鱼鳞板（8mm 以下短粗细节）或个别短粗细节，与条干 *CV* 值不成相关关系，这也是用黑板检验的传统方法不能取消的原因之一。

表 3-2　黑板条干与乌斯特条干的关系

检测项目	电容式条干均匀度仪灵敏度设置	黑板条干目测结果
粗节	+35%	很小粗节、仔细观察才能辨认
	+50%	较小粗节、离黑板近距离处能辨认
	75%	中等粗节、离黑板数米远处能辨认
	100%	严重粗节
细节	−30%	很小细节、黑板上难以辨认
	−40%	较小细节、距黑板近距离处能辨认
	−50%	中等细节、距黑板 1 米远处能辨认
	−60%	严重细节、距黑板数米远处能辨认
棉结	+140%	很小棉结、仔细观察才能辨认
	+200%	较小棉结、距黑板近处能辨认
	+280%	中等棉结、距黑板数米远处能辨认
	+400%	大棉结

(3) 常发生性纱疵（千米疵点数 I. P. I）。即均匀度仪检测中显示的细节/千米、粗节/千米、棉结/千米。$\bar{x}$ 为纱条的平均截面积，沿测试长度方向，检测截面积变化超过设定灵敏度且片段长度超过一定值的粗、细片段，如图 3-20 所示。图中不匀曲线与平均截面之间的面积为纱条不匀率数值大小。

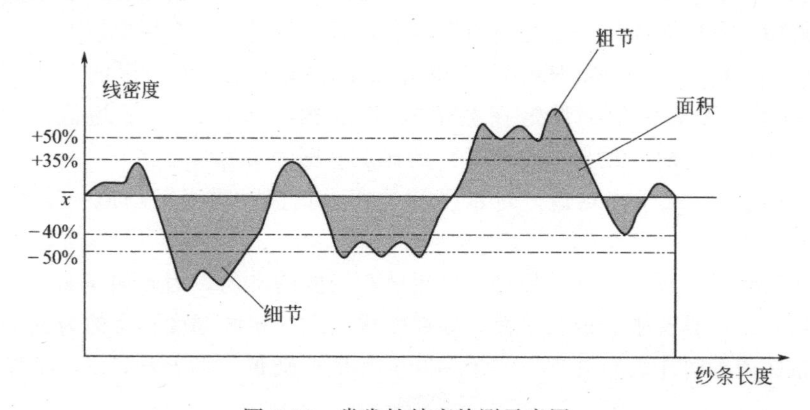

图 3-20　常发性纱疵检测示意图

表 3-3 常发性纱疵灵敏度水平

纱疵	灵敏度			
	1	2	3	4
细节	−60%	−50%	−40%	−30%
粗节	+100%	+70%	+50%	+35%
棉结	+400%	+280%	+200%	+140%

测试时根据产品质量的要求选择设定范围，通常环锭纱的设定范围取细节−50%、粗节+50%、棉结+200%（气流纺纱棉结取+280%）。但近年来随着控制常发性纱疵水平和市场要求的不断提高，不少企业开始采用细节−40%、粗节+35%、棉结+140%。在生产条件稳定的情况下，不同灵敏度水平的疵点值之间一般存在近乎稳定的正相关关系（表 3-3）。

（4）波谱图。波谱图的横坐标为波长的对数，纵坐标为振幅，纱条的不匀率曲线根据傅里叶变换分解成无数个不同波长、不同振幅的正弦（或余弦）波的叠加。将分解出来的波动成分按照波长、振幅画出线状谱，即可得波谱图。电容式条干均匀度仪将不匀率曲线分解成有限个频道内的波动，每个频道间隔宽度相同。波谱图的后部常有空心柱的频道，这是试样较短时给出的信度偏低的提示，此空心柱部分可作参考。若有疑虑，则加长试样进行测试（图 3-21）。

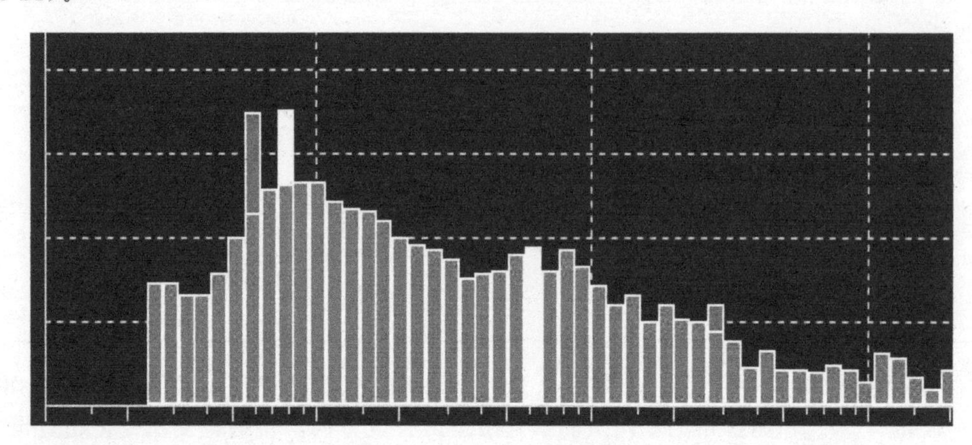

图 3-21 屏幕显示的波谱图

波谱图在生产实际中有如下用途：评价纱条均匀度；分析不匀结构；纱条疵病诊断，解决机械工艺故障，预测布面质量；与不匀率结合，对设备进行综合评定。

（5）偏移率 DR（Deviation Rate）。根据产品要求设定相应的门限值（α%），即比正常纱平均截面积粗、细的幅值。设定在基准长度 L 内，超过纱条平均值 $\bar{x}$ 一定百分率（$\pm\alpha$%）的纱条长度 l 的总和与基准长度 L 的比值（图 3-22）。

l 值有正负之分，细于平均值一定水平的长度为负值；粗于平均值一定水平的长度为正值。

由于目测织物时，较明显的是超过一定粗度和细度的不匀，因此偏移率 DR 值与织物的外观评价比较一致，具有很好的相关性。如在曲线图上，粗细幅度正常的为±30%以内，超过此范围，布面评等时作疵布处理，大于+30%为粗纬疵布，小于−30%为细纬疵布。

$$DR=\frac{\sum l}{L}\times 100\% \tag{3-12}$$

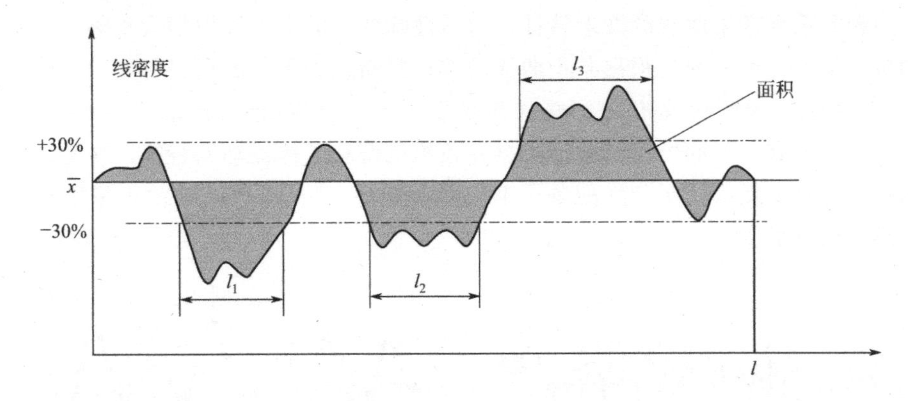

图 3-22　偏移率检测示意图

$$\sum l = l_1 + l_2 + l_3$$

(6) 变异长度曲线和 AF 值。该仪器还能给出所测试纱条的变异长度曲线和平均值系数 AF 值。此仪器可通过变异系数-长度曲线来反映长片段、中片段和短片段不匀的情况，适宜分析非周期性线密度不匀。条干十分均匀的纱条其变异长度曲线是一根斜直线，如纱条存在周期不匀，则相应波长处，曲线上将出现曲折，在同一张图上，有疵病的曲线总处于正常曲线的上方。

平均值系数（AF）是以批次测试的总长度线密度为 100%，则每次测试的平均线密度相对于总平均的比值，换算为百分数。也有以第一管纱的线密度为 100%，以后各管与之相比的算法。在每次试验中，都有一个相应的条干粗细平均值 X，相当于受测试纱条的平均重量。当受测试细纱试验长度为 100m 时，各次 AF 值的不匀率即相当于传统的细纱重量不匀率或特数不匀率，这一指标常被用于测定管纱之间纱线的线密度变异，以便研究在长周期内纺纱的全过程或前道工序的匀情况。一般 AF 值在 95～105 范围内属于正常，如果测得的数据超过这一范围，说明纱线的绝对线密度平均值有差异。利用 AF 值的变异还能直观地分析出纱条重量不匀变化趋势，及时反映车间生产情况，以便调整工艺参数，为提高后道工序产品质量起指导和监督作用，使粗经、粗纬等消灭在生产过程中。

四、纱线条干的实物检测法

用仪器或黑板评定条干优劣是抽样检测，不能全检，条干不匀会漏检直至织物或最后成品才能反映出来。此外，如中长片段条干不匀一般仪器也不易检测到，因此企业将纱线作为纬纱织成坯布，目测坯布实物条干不匀，重点观察粗细节、横档色差等。对成品厂而言，实物质量比指标质量更重要、更实用。

第三节　纱条不匀的分析

一、利用条干曲线分析棉条条干不匀

利用条干曲线的波形可以判断棉条产生条干不匀的原因和发生条干不匀的机件部位，可以迅速找到原因消除故障。

由于各种性质的机件不良，导致不匀曲线的波形也各不相同。因而分析条干曲线的方法

有两种，一种是根据条干曲线的波形特征，包括波峰波谷的形态和波幅大小等。判断发生条干不匀的机件部位；另一种是根据条干曲线的波长判断发生不匀的机件部位。

（一）根据条干曲线的波形特征判断产生条干不匀的原因和部位

这种方法需要有一定的生产经验，根据并条机机型和牵伸传动的特征，在生产过程中逐步积累和建立各种不良部件所产生的条干不匀曲线标样（图 3-23），以便于帮助和指导今后棉条条干不匀的分析。

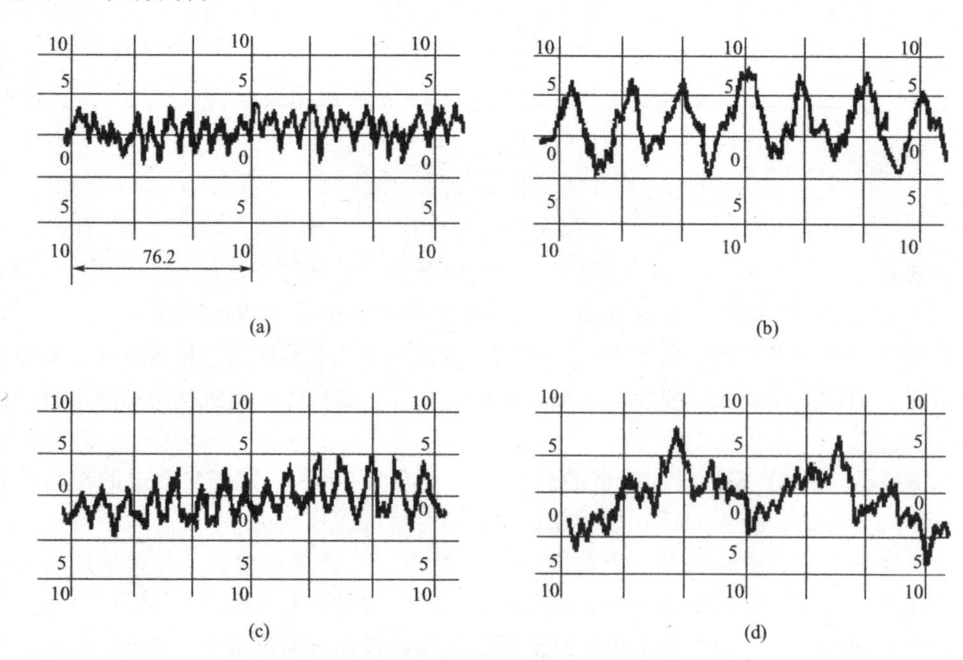

图 3-23　各种部件不良的条干曲线特征

（二）根据条干曲线的波长判断产生周期性条干不均的并条机的不良部件

由于回转部件的机械性疵病形成的棉条周期性条干不均具有固定的波长，因此，可以在了解设备传动图，各列罗拉、胶辊直径，牵伸倍数等工艺参数的情况下，假定某一部件有疵病而计算出该部件疵病形成的周期波的波长，对照条干曲线的周期波波长而得到验证，推断出机械性疵病发生的部位。

罗拉、胶辊疵病形成的周期波波长：

$$\lambda_1=\pi dE \tag{3-13}$$

式中　λ_1——有疵病的罗拉、胶辊形成的周期波波长，cm；

d——有疵病的罗拉、胶辊的直径，cm；

E——疵病部件至输出件之间的牵伸倍数。

牵伸齿轮疵病形成的周期波波长：

$$\lambda_2=i\pi dE=i\lambda_1 \tag{3-14}$$

式中　λ_2——有疵病的齿轮形成的周期波波长，cm；

i——有疵病的齿轮至它所传动的罗拉的传动比；

d——有疵病的齿轮所传动的罗拉的直径，cm；

E——有疵病的齿轮所传动的罗拉至输出件之间的牵伸倍数。

条干曲线上反映的周期波的平均波长：

$$\lambda=\frac{L}{n}p \tag{3-15}$$

式中 λ——条干曲线上反映的周期波的平均波长，cm；

L——条干曲线上 n 个周期波的长度，cm；

n——周期波的个数；

p——试样速度与条干曲线记录纸速度的比（一般有两种速比，即 12∶1 和 10∶1）。

当 λ_1 或 λ_2 与 λ 相近时，即可判断试样棉条 λ 的周期波是由产生 λ_1 波长的有疵病的罗拉、胶辊或产生 λ_2 波长的有疵病的牵伸齿轮所产生。

例 1 用 Y311 型条粗条干均匀度试验仪测得如图 3-24 的并条棉条条干曲线，用英制记录纸记录，试样速度与记录低速度的比为 12∶1，分析规律性条干不匀产生的机件部位（图 3-25）。

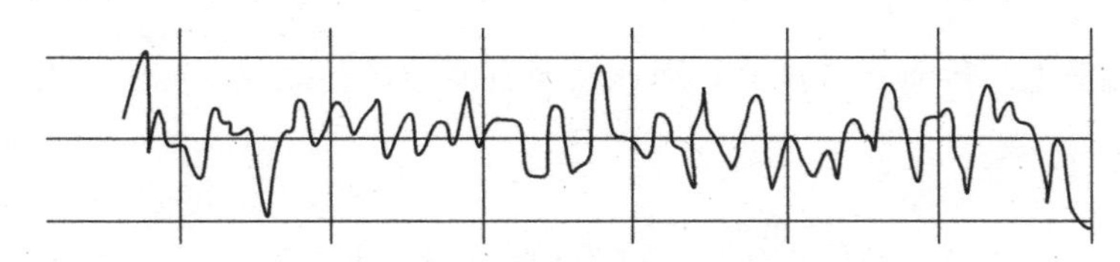

图 3-24 并条棉条条干曲线

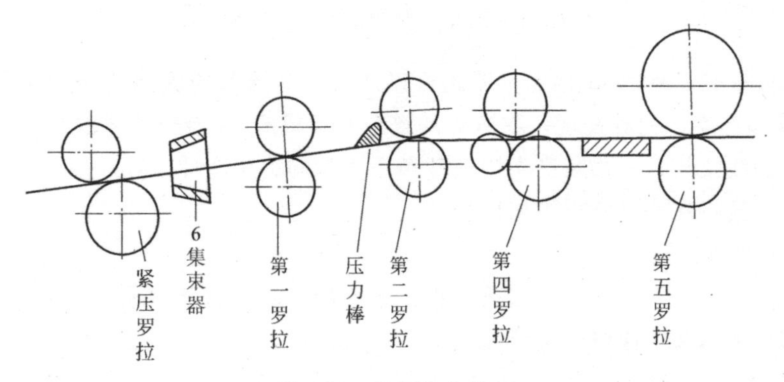

图 3-25 并条机牵伸区

并条机的牵伸区工艺设计：

$D_{紧}=5\text{cm}$ $D_1=4\text{cm}$ $D_2=2.8\text{cm}$ $D_3=1.9\text{cm}$ $D_4=3.5\text{cm}$ $D_5=3.5\text{cm}$

$E_{1\text{-}紧}=1.013$ $E_{2\text{-}1}=1.014$ $E_{3\text{-}2}=5.06$ $E_{4\text{-}3}=1$ $E_{5\text{-}4}=1.515$

从条干曲线图上可以看出，每码内（横向 3 小格，记录纸上每小格为 2.54cm）约有 10 个周期波，试样周期波的平均波长：

$$\lambda=\frac{L}{n}p=\frac{3\times2.54}{10}\times12=9.144\ (\text{cm})$$

假设并条机二罗拉有疵病，则它所产生的周期波波长：

$$\lambda_1=\pi dE=\pi\times2.8E_{2\text{-}1}E_{1\text{-}紧}=3.14\times2.8\times1.014\times1.013=9.031\ (\text{cm})$$

$\lambda_1=9.031\text{cm}$ 与 $\lambda=9.144\text{cm}$ 相近，因此可以认为，试样棉条的周期性条干不匀是由并条机二罗拉疵病产生。检查发现，取试样的该台并条机二罗拉沟槽有一处弯曲为 0.11mm。

例 2 用 Y311 型条粗条干均匀度仪测得如图 3-26 的并条棉条条干曲线，用公制记录纸，试样速度与记录纸速度的比为 10∶1，分析规律性条干不匀产生的机件部位。

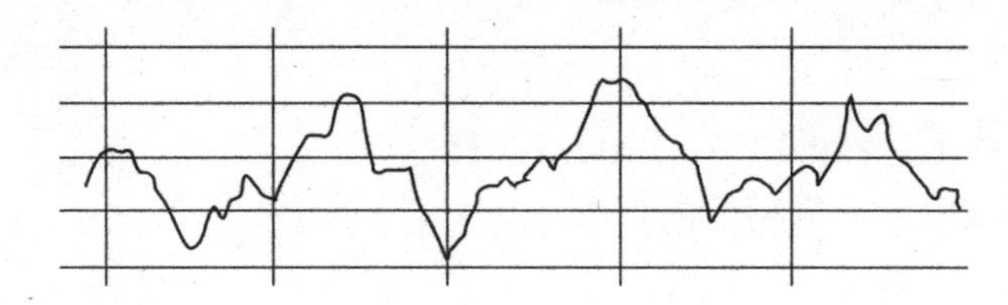

图 3-26 并条棉条条干曲线

从条干曲线图上可以看出，每米内（横向 3 小格，记录纸上每小格为 3.33cm）约有 2 个周期波，试样周期波的平均波长：

$$\lambda=\frac{L}{n}p=\frac{3\times 3.33}{2}\times 10=50\ (\mathrm{cm})$$

假设并条机 53 齿轻重牙（总牵伸变换齿轮）有疵病，由于轻重牙是通过冠牙 90 齿（90 齿装在五罗拉轴头上）传动五罗拉的，因此它至五罗拉的传动比 $i=\frac{53}{90}$，因此 53 齿轻重牙疵病产生的周期波波长：

$$\lambda_2=i\pi dE=\frac{53}{90}\times 3.14\times 3.5E_{5\text{-}4}E_{4\text{-}3}E_{3\text{-}2}E_{2\text{-}1}E_{1\text{-紧}}$$

$$=\frac{53}{90}\times 3.14\times 3.5\times 1.515\times 1\times 5.06\times 1.014\times 1.013=50.96\ (\mathrm{cm})$$

$\lambda_2=50.96\mathrm{cm}$ 与 $\lambda=50\mathrm{cm}$ 相近，因此可以认为试样棉条的周期性条干不匀是由并条机 53 齿轻重牙疵病产生。检查发现，取试样的该台并条机的 53 齿轻重牙键销松动。

根据条干曲线波长，可判断产生周期性条干不匀的疵病部件位置，还可用测定疵病部件的转速来确定。这将在波谱分析中加以介绍。

（三）条干曲线分析的缺点

条干曲线只适用于本工序产品（条、粗）的检测，只能分析具有 1 个周期波的不匀，2 个以上的周期性不匀和牵伸波无法计算。

二、利用乌斯特波谱图分析条干不匀

测定纤维条条干不匀的目的，除了希望得到条干不匀 U 值或 CV 值的大小即数量的概念外，还希望通过测定，了解造成不匀的原因及机器上产生不匀的部位。

条干不匀包括周期性及非周期性的不匀（图 3-27）。不匀率的变异系数值，虽然是条干不匀率的一个离散指标，并与织物外观有一定的相关关系，但是对于周期性不匀的纤维条，只用 U 值或 CV 值就不能全面反映其质量情况了。因此，为了正确反应纤维条不匀的结构，估计其不匀对织物外观质量的影响，并寻找产生周期不匀的原因，及时调整改进，除 CV 值指标外，还需要借助于波谱图。

乌斯特波谱仪与主机相连时能迅速而准确地绘出波谱图。根据波谱图就可以分析纱条不匀的原因，判断出工艺和机械上存在的问题以及出现问题的确切部位，便于及时进行调整和处理，稳定产品质量。

实际纱条的波谱图形态，基本上同该种纤维的理想纱条波谱图相似，其最高峰处的波长值和理想波谱图相一致，即在纤维长度的 2.5～3 倍波长处。所不同的是实际波谱曲线的波幅在所有波长范围内均比理想波谱曲线高些。

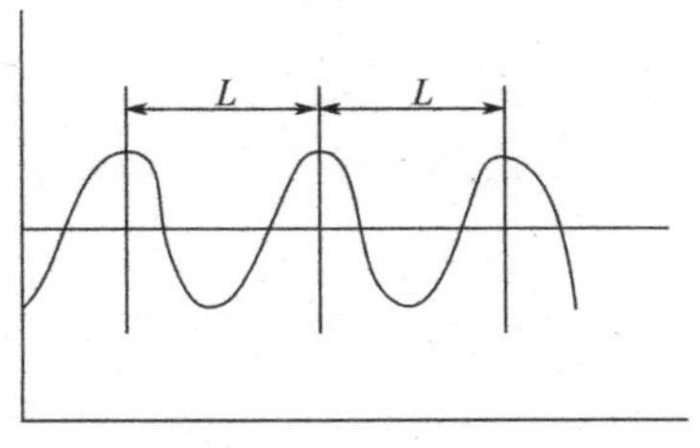

(a) 具有1个周期波的不匀　　(b) 非周期波不匀

图 3-27　纱条的不匀形式

波谱呈阶梯形是由于波谱仪是由有限个波道构成所致。这种山峰形波谱曲线的特征，是由于纤维随机排列所产生不匀差异的影响，在短纤维纺纱系统中是不可避免的现象，可看作是正常的。

应当强调的是，对纱条波谱图的分析主要应该分清两种不匀，即由于机械状态不良而造成的机械波周期性不匀；在牵伸区内由于对纤维控制不良，纤维变速点分布不稳定所形成的牵伸波不匀。同时具有牵伸波和机械波的波谱图如图 3-28 所示，图中各个具有形如烟囱状的振幅 A 代表几个不同波长的机械性疵病，形如山峰形振幅 B 代表各道工序的工艺性不匀差异，曲线 C 代表正常细纱的波谱图，曲线 D 则代表理想纱条波谱图。

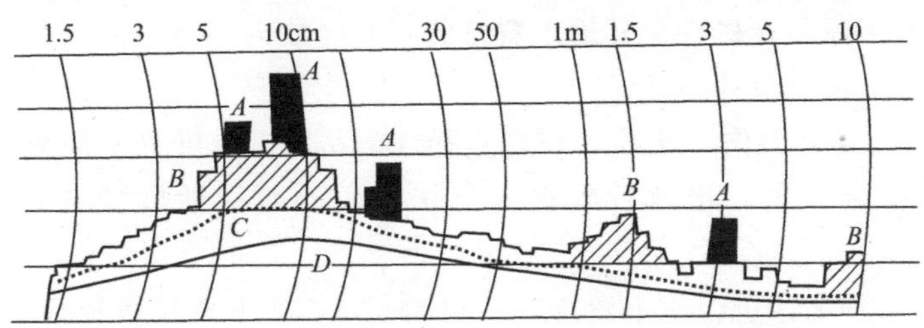

图 3-28　细纱的理想、正常、机械、牵伸波谱图

实际生产中，为了又快又准地分析纱条不匀波谱图，大都采用正常波谱图和实测波谱图进行对比，即作出各种正常纱条（如生条、熟条、粗纱、细纱等）的波谱样照（图 3-29），与所测出的各种纱条的波谱图对比分析，这样有助于对所测纱条波谱图进行正确判断。

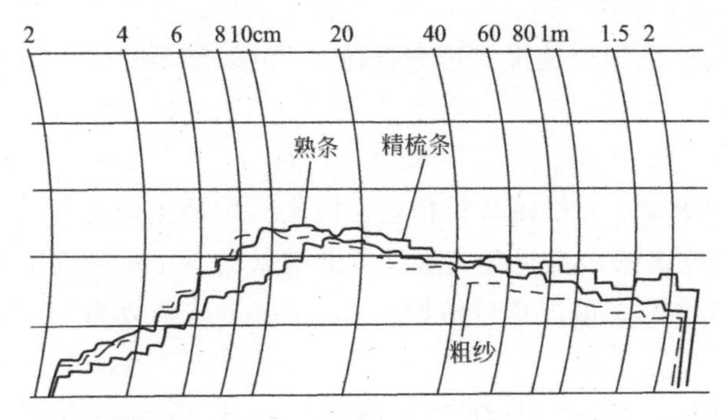

图 3-29　精梳条、熟条和粗纱的正常波谱图

（一）机械性周期波的分析

对于非连续性烟囱形波谱振幅高峰，是由于机械性缺陷所致。其分析方法有两种，一种是计算法，另一种是测速法。计算法一般适用于已事先估计到机械缺陷所在部位，用计算法仅为加以验证。测速法则能准确迅速地确定机械缺陷所在，故应用较为广泛。

1. 计算法

在应用计算法之前，必须了解缺陷所在机器的机械传动图、各列罗拉直径和牵伸倍数等工艺参数。假定怀疑某一机件发生了故障，并由此引起纱条周期性不匀，然后计算其周期波波长。

波长计算应首先考虑两点，一是计算的针对性强，不同机型的传动系统不同，纺不同的纱特其配备的牵伸倍数不同，因而理论波长计算值也不同，应根据具体机型、具体品种进行具体分析；二是能计算出理论波长的部件主要是回转件，对于牵伸部分的固定件如摇架、销子、集合器等部件的缺陷就没有算法可循。

(1) 本工序机件不良产生的规律性不匀波长的计算方法如下。

$$\lambda=\pi dE_1 \tag{3-16}$$

式中　d——本机问题部件的直径；

E_1——不良机件直输出罗拉的牵伸倍数。

例如，细纱机后罗拉弯曲，后罗拉直径为25mm，细纱机总牵伸倍数为32倍，后罗拉弯曲产生的规律性不匀波长$\lambda=3.14\times25\times32=2512$ (mm)。

(2) 前道工序机件不良产生的规律性不匀波长的计算方法如下。

$$\lambda=\pi dE_1E_2 \tag{3-17}$$

式中　E_1——前道工序不良机件至其输出罗拉的牵伸倍数；

E_2——本工序的总牵伸倍数。

例如，粗纱后胶辊有刀伤，粗纱后胶辊直径33mm，粗纱机总牵伸倍数为6.72倍，细纱机总牵伸倍数为28.3倍，粗纱后胶辊有刀伤产生的规律性纱疵波长$\lambda=3.14\times33\times6.72\times28.3=19706$ (mm)。

例1　双胶圈牵伸细纱机，前上罗拉直径为28mm，前下罗拉直径为25mm，纺出的纱经条干均匀度仪试验后，在波谱图8cm波上处出现一机械波，试分析该机械波产生的位置。

假设前下罗拉有缺陷，其直径为2.5cm，则$\lambda_1=\pi dE=3.14\times2.5\times1=7.85$ (cm)，与波谱图显示的8cm机械波波长相近，故认为是前下罗拉缺陷造成。

例2　某一梳棉条，其条干不匀试验的波谱图上出现机械波波长为2.2m，试分析该机械波产生的原因。

假设道夫缺陷造成。已知该梳棉机道夫直径d为0.6858m (27英寸)，道夫至小压辊之间牵伸倍数正为1.1倍。

波长$\lambda_1=\pi dE=3.14\times0.6858\times1.1=2.37$ (m)

计算结果与波谱图上2.2m机械波长相近，因此假设是正确的。

例3　根据熟条的波谱图，发现存在着显著的波长为50cm的周期性不匀波。该并条机的各列罗拉直径均为3.2cm，前区牵伸倍数为4，中区牵伸倍数为1.25，试分析机械波产生的位置。

假设第三罗拉有缺陷，则$\lambda_1=\pi dE=3.14\times3.2\times1.25\times4=50.24$ (cm) 与波谱图上50cm的周期相近，故可认为并条机第三罗拉上有缺陷。

例4　某一细纱测试的条干不匀波谱图上有9cm的机械波，分析产生机械波的位置。

分析：目前棉纺厂的细纱前罗拉直径以25mm居多，还有27mm的，前胶辊直径一般为28～29mm，前罗拉机械波长为7.8cm或8.5cm，前胶辊机械波长为8.8～9.1cm。

结论：9cm左右的高烟囱波，往往是由于前胶辊偏心、跳动、安装歪斜所致。

2. 测速法

测速法是判断机械性周期波最简易的方法，它应用测速表进行实际测定，即使在复杂的情况下，也能用很少的计算，很快地得出肯定性的结论。

各工序机台的输出部分都以一定的速度输出产品，其输出线速度可用测速表直接测定或简易地用转速变换而得。如假定某一部件有缺陷而产生周期性不匀，则该部件每回转一周将出现 1 个周期波。当机台的单位时间输出线速度为 v，并同时带有 n 个周期波不匀，则周期波波长 $\lambda=\frac{v}{n}$，故可得有缺陷部件的回转数（转速）为：

$$n=\frac{v}{\lambda} \tag{3-18}$$

式中　n——有缺陷部件的转速，r/min；

v——机台的输出速度，m/min；

λ——波谱图上的周期波波长，m。

实际应用中，输出速度 v 可用测速表测出，同时注意对沟槽罗拉作相应修正。周期不匀波波长可从波谱图上直接读出，因此可迅速算出有缺陷部件的转速，然后用测速表来寻找有缺陷的回转部件。

例 5　生条波谱图上所显示的不匀波长为 10m，该梳棉机输出速度为 23m/min，故引起疵病机件的转速为：

$$n=\frac{v}{\lambda}=\frac{23}{10}=2.3\ (\text{r/min})$$

用转速表没有发现梳棉机上有近于这类转速的机件，但进一步检查后，发现盖板速度为每分钟走 2.4 根，因此假定疵病是由盖板因素产生的。为了验证其正确性，改变盖板和锡林间的隔距，再检验生条的波谱图，结果疵病消失，上述假设被证实。

上例说明，机台上任何具有周期性运动的机件，都可以引起波谱图上的周期波。

例 6　细纱机波谱图上机械波波长为 157cm，细纱机前罗拉转速为 200r/min，总牵伸倍数为 20 倍，前罗拉表面线速度为 200×2.5×3.14=1570（cm/min），则缺陷机件的转速：

$$n=\frac{v}{\lambda}=\frac{1570}{157}=10\ (\text{r/min})$$

根据牵伸倍数很容易找到缺陷机件是后罗拉或后罗拉轴头齿轮。

例 7　生条波谱图如图 3-30 所示，在 37.5cm 处有一机械波，试判断产生庇病的原因？梳棉机为 FA203A 型，设计干定量为 22g/5m，出条速度 160m/min，道夫转速 44r/min，锡林转速 430r/min，刺辊转速 900r/min，盖板速度 260mm/min。

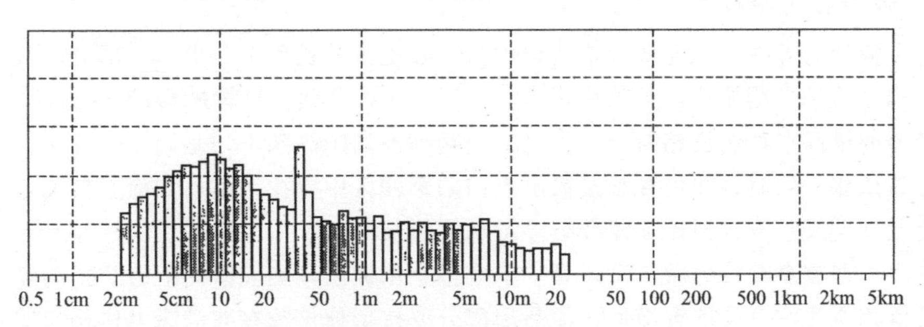

图 3-30　梳棉机锡林针布轧伤的生条波谱图

计算分析：损伤部件的转速 $n=\frac{v}{\lambda}=\frac{160\times100}{37.5}=427$（r/min），对照工艺条件，锡林的转速与计算结果很接近。因此，到相应机台上检查锡林的情况，发现锡林的针布上有明显轧伤。损伤的针布修复后，复查生条的波谱图，机械消失。

例 8 粗纱波谱图如图 3-31 所示，70cm 处有一机械波，试判断产生疵病的原因是什么？粗纱机为 FA458 型，罗拉与胶辊的直径均为 28mm，总牵伸倍数为 7.9 倍，后牵伸为 1.22 倍，前罗拉转速 190r/min。

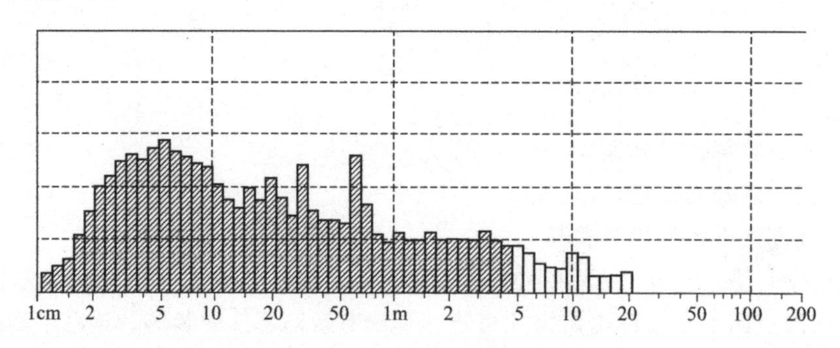

图 3-31 粗纱机后胶辊损伤的波谱图

计算分析：粗纱机的输出线速度＝3.14×28×190＝16705（mm/min），则损伤部件的转速 $n=\frac{v}{\lambda}=\frac{16705}{70\times10}=23.9$（r/min）。用测速表测得后罗拉转速 24r/min，检查后罗拉与后胶辊，发现后胶辊表面损伤。调换粗纱机损伤的后胶辊，复试后机械波消失。

一般周期性不匀波的波长范围见表 3-4。

表 3-4 各工序和细纱工序周期性不匀波波长的一般范围

工序	(本工序)总牵伸倍数	(本工序)波谱图波长范围	细纱波谱图上的波长范围
梳棉	E_a	$\pi D_a \sim \pi D'_a E_a$	—
精梳	E_b	$\pi D_b \sim \pi D'_b E_b$	—
末并	E_c	$\pi D_c \sim \pi D'_c E_c$	$(\pi D_c \sim \pi D'_c E_c) E_d E_e$
粗纱	E_d	$\pi D_d \sim \pi D'_d E_d$	$(\pi D_d \sim \pi D'_d E_d) E_e$
细纱	E_e	$\pi D_e \sim \pi D'_e E_e$	$\pi D_e \sim \pi D'_e E_e$

注：D_a、D_b、D_c、D_d、D_e——梳棉、精梳、末并、粗纱、细纱机输出罗拉直径。

D'_a、D'_b、D'_c、D'_d、D'_e——梳棉、精梳、末并、粗纱、细纱机输入罗拉直径。

（二）牵伸波的分析

分析牵伸波的方法，可先从纱条波谱中找出在正常波长谱上凸出的一部分山峰形高峰处的波长，称为自然平均波长，其值可由 $\lambda_{mo}=K\overline{L}$ 计算得到。计算所得的 λ_{mo} 值应和实际波谱图山峰形的最高点处波长相对应。反之，当判断波谱图纱条不匀是属于牵伸波，且平均波长又和计算值相一致时，即可在紧接输出点前的牵伸区中寻找毛病，如前罗拉偏心造成浮游纤维变速点波动或胶圈控制不良使纤维浮游动程增加等。

如在产生严重牵伸波的后工序还有一个或多个牵伸区，则波谱图上的凸出山峰形部分的平均波长也相应要按牵伸倍数增加，即凸出部分要按牵伸倍数在波谱图上作相应的右移。此时的平均波长应为：

$$\lambda_m = \lambda_{mo} E \tag{3-19}$$

式中　λ_m——波谱图上凸出山峰处波长，cm；

E——造成严重牵伸波的牵伸区至纱条输出点间的总牵伸倍数；

λ_{mo}——工艺不良的牵伸区所直接产生的牵伸波波长。

根据λ_{mo}与λ_m的计算式以及纺纱工艺设计，就可以确定波谱图中显著牵伸波的起因位置。

例 9　粗梳棉纱的波谱图上具有强烈的牵伸波，其平均波长为 165cm，原棉纤维平均长度为 2.5cm，求产生牵伸波的位置。

$$\lambda_{mo} = K\overline{L} = 2.75 \times 2.5 = 6.875\ (\text{cm})$$

由 $\lambda_m = \lambda_{mo} E$ 得：

$$E = \frac{\lambda_m}{\lambda_{mo}} = \frac{165}{6.875} = 24$$

由于细纱机总牵伸倍数为 24，因此可认为产生牵伸波的位置为粗纱机的前牵伸区。

利用$\lambda_{mo} = K\overline{L}$，在确定正常波谱图最高峰位置的波长后，即可估算出被测试样的平均长度。

例 10　图 3-32 为细纱波谱图，判断有无疵病？若有，是什么原因？

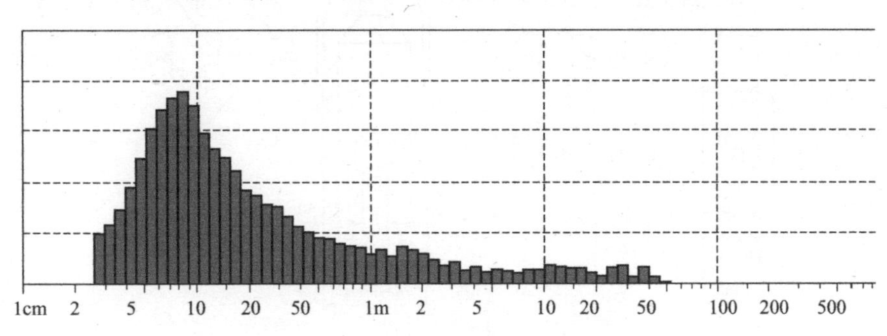

图 3-32　细纱前区牵伸不良的波谱图

分析：牵伸波波长 $\lambda_m = 8\text{cm}$，$E = \dfrac{\lambda_m}{\lambda_{mo}} = \dfrac{8}{6.875} = 1.16$。

此牵伸波为典型的细纱前区牵伸波，由于前区牵伸不良造成。

例 11　已知粗纱波谱图 3-33，判断有无疵病？若有，是什么原因？粗纱机总牵伸倍数为 8.1，前区牵伸倍数为 7.3。

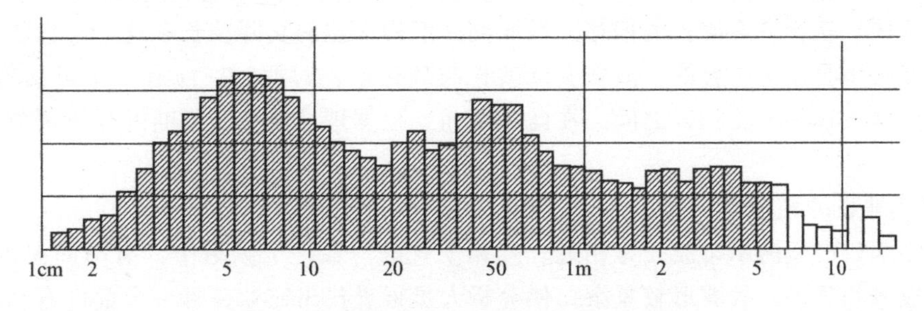

图 3-33　粗纱机前后牵伸区不良的波谱图

分析：波谱图 5～10cm、30～70cm 处有牵伸波。

粗纱机前牵伸区的牵伸波的波长$\lambda_1 = K\overline{L} = 3.5 \times 22 = 77$（mm）。对照波谱图中第一个牵伸波的主峰，波长基本对应。发生在粗纱机后牵伸区的牵伸波的波长$\lambda_1 = K\overline{L}E = 3.5 \times 22 \times 7.3 = 562$（mm），与波谱图中第二个牵伸波的主峰相对应。因此，可以初步推定该粗纱机前后牵伸区工艺都存在问题，因此出现了两个牵伸波。

措施：上车检查，发现前后牵伸区的隔距都偏小，适当调整隔距后在复试，牵伸波改善。

（三）用查表的方法，简化波谱图分析工作

对于一个企业，主要的生产设备基本上是稳定的，因此可以根据设备的传动图与工艺设计，将各工序、各部位可能产生周期性不匀的波长范围，逐一计算出来，列成表格。当产品检测时，波谱图上发现有机械波或牵伸波，就可以直接查对表格中的相应波长，从而能迅速初步确定可能产生的原因与位置（可能有几处，要逐一核查），减少每次临时推算的工作，提高工作效率。对于企业中能长期生产的稳定产品，用这种方法更为方便有效，图 3-34 为设备工艺条件，图 3-35 是以棉纺细纱机和粗纱机为例的疵点波长范围（取纤维平均长度25mm）。

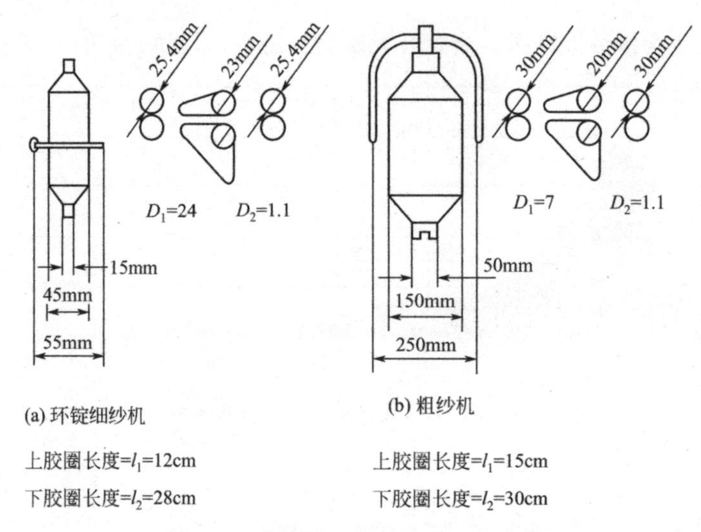

图 3-34 细纱机和粗纱机的工艺参数

（四）分析波谱图注意事项

1. 实际波长的偏移性

由于机件磨损受许多难以确定又不断变化的因素影响，同一磨损部位，磨损时间不同，磨损环境不同，就会产生波长的偏移。因而同一磨损部位的实际波长和这一部位的理论计算波长，大多是不会完全吻合的。故在实际波长与理论波长对照时，应有一个可信度的范围，一般可考虑在±10%～±15%之间。在此范围内，根据理论波长所推断的故障部位是基本可信的。

2. 某些波长的相近性

有许多部件产生的不匀波长是相近、互相干扰的。在一个频道中，有不同源波长叠加，不同不匀成分的叠加，故波形较复杂，使分析人员很难找出究竟是哪一个部件有问题。只得将可能产生这一波长范围的各种故障部位和因素罗列出来，一一检查，逐项排除。

3. 先分析较短波长

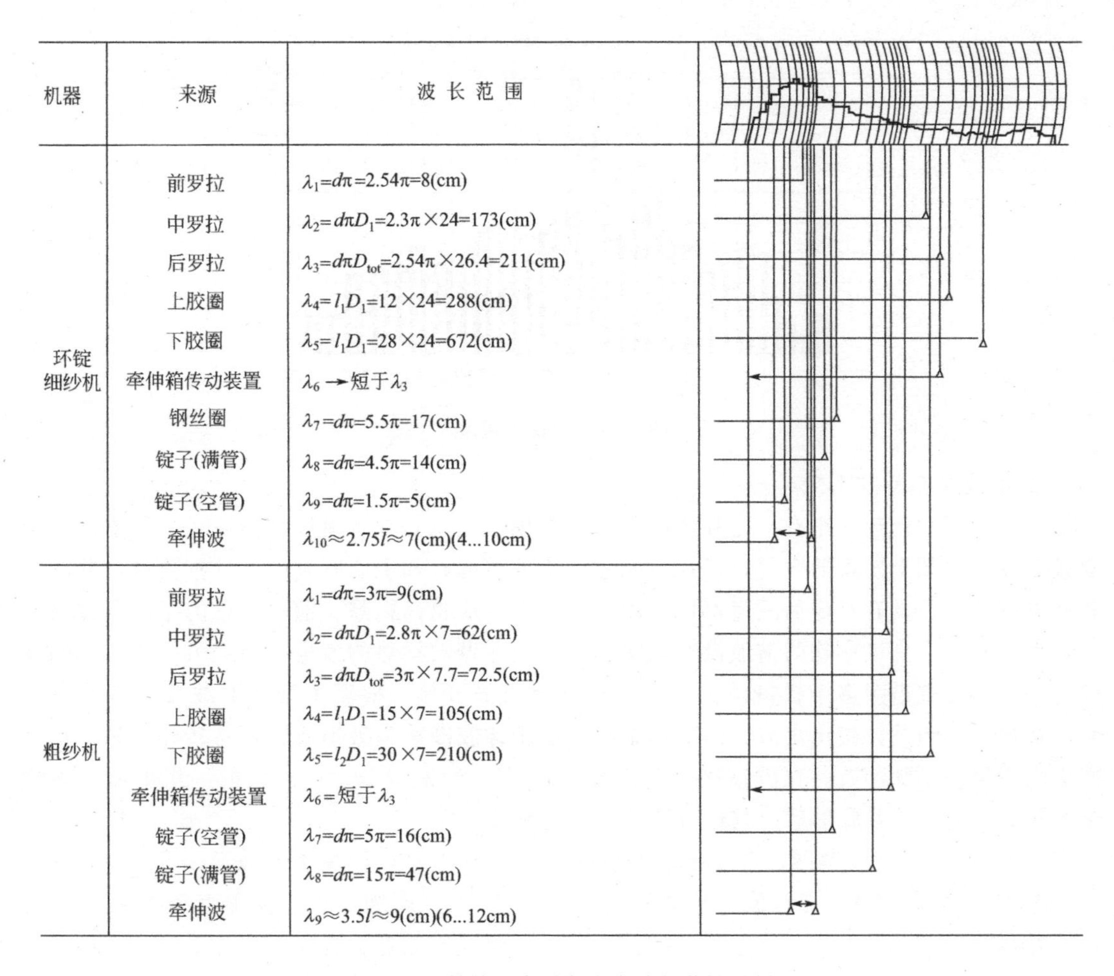

机器	来源	波长范围
环锭细纱机	前罗拉	$\lambda_1=d\pi=2.54\pi=8(\text{cm})$
	中罗拉	$\lambda_2=d\pi D_1=2.3\pi\times24=173(\text{cm})$
	后罗拉	$\lambda_3=d\pi D_{tot}=2.54\pi\times26.4=211(\text{cm})$
	上胶圈	$\lambda_4=l_1D_1=12\times24=288(\text{cm})$
	下胶圈	$\lambda_5=l_1D_1=28\times24=672(\text{cm})$
	牵伸箱传动装置	$\lambda_6\rightarrow$短于λ_3
	钢丝圈	$\lambda_7=d\pi=5.5\pi=17(\text{cm})$
	锭子(满管)	$\lambda_8=d\pi=4.5\pi=14(\text{cm})$
	锭子(空管)	$\lambda_9=d\pi=1.5\pi=5(\text{cm})$
	牵伸波	$\lambda_{10}\approx2.75\bar{l}\approx7(\text{cm})(4...10\text{cm})$
粗纱机	前罗拉	$\lambda_1=d\pi=3\pi=9(\text{cm})$
	中罗拉	$\lambda_2=d\pi D_1=2.8\pi\times7=62(\text{cm})$
	后罗拉	$\lambda_3=d\pi D_{tot}=3\pi\times7.7=72.5(\text{cm})$
	上胶圈	$\lambda_4=l_1D_1=15\times7=105(\text{cm})$
	下胶圈	$\lambda_5=l_2D_1=30\times7=210(\text{cm})$
	牵伸箱传动装置	$\lambda_6=$短于λ_3
	锭子(空管)	$\lambda_7=d\pi=5\pi=16(\text{cm})$
	锭子(满管)	$\lambda_8=d\pi=15\pi=47(\text{cm})$
	牵伸波	$\lambda_9\approx3.5l\approx9(\text{cm})(6...12\text{cm})$

图 3-35　棉纺生产设备疵点波长范围示例

如一张波谱图上存在多个机械波或牵伸波，一般应先从波长较短的一个开始分析。因为波长超过一定长度的疵点，多为前道工序或前几道工序造成；而波长较短的疵点，问题发生的部位越靠近被测试产品的输出位置，越容易查找，也有利于迅速解决。

4．有害机械波

在估计机械波对最终产品质量是否有影响时，要看波谱图中机械波波峰 H 的高度（图 3-36）。如 H 超过该处基本波高度 B 的一半以上，可认为该不匀机械波为有害机械波，即有可能会影响织物的外观，应进行分析并排除。如图中 $H\geqslant\frac{1}{2}B$，为有害机械波，如 $H<\frac{1}{2}B$，则对织物外观可能影响不大。

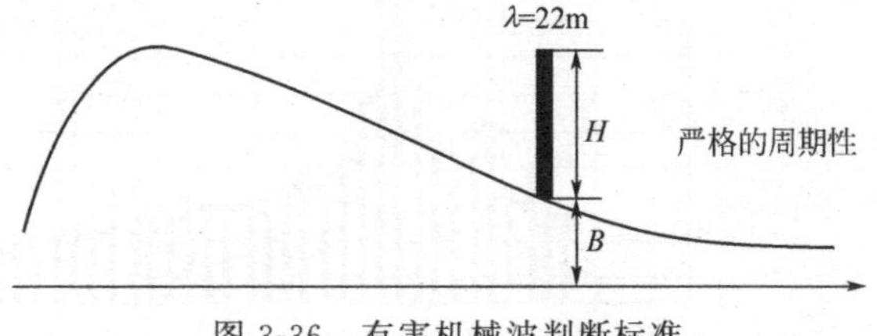

图 3-36　有害机械波判断标准

5．机械波的叠加

如机械波连续出现在相邻的两个频道上时，则应将两频道特征峰高相叠加，再与其正常波谱高度对比，以估计其严重性。双柱如图 3-37 所示。

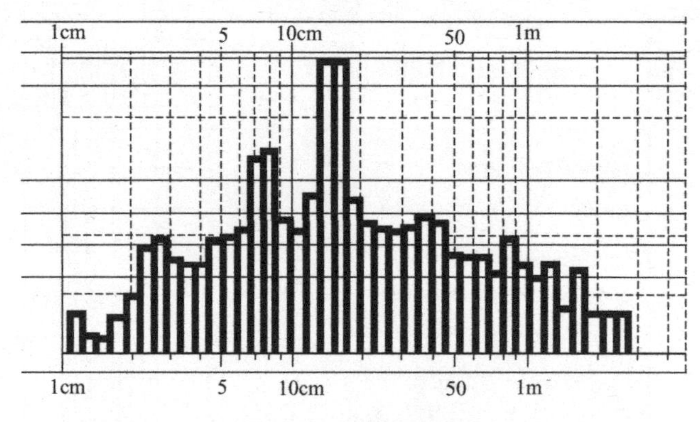

图 3-37 双柱机械波

6. 谐波对主波的干扰

如波谱图中出现一组有一定规律的机械波，则应注意是否在谐波。谐波是由傅里叶级数变换后在波谱图上出现的突起，是计算原因产生的突起，和主波有对应的计算关系，并非纱条上真有其波，真有对应的故障部位。因此，分析时应将其剔除。值得注意的是，谐波会产生两种误解，一是该剔除的谐波没有剔除，二是当作谐波剔除的波也可能是另一个有缺陷部件的主波。对波谱图多个机械波的分析，应从最长波开始，根据主波是谐波波长整数倍关系，初步剔除谐波，找出主波。例如，细纱机的牵伸胶圈接头破损或转杯纺转杯内积灰垢等产生的不匀波呈脉冲波，在波谱图上会出现 λ、$\lambda/2$、$\lambda/3$、$\lambda/4$、…波长的一组谐波。当找出波长为 λ 的原因并修复后，其他谐波的波峰也相应消失。

图 3-38 是细纱波谱图，在 9cm、4.5cm、3cm 处各有一机械波，波高分别为 5.0 格、2.7 格、2.0 格，短波长在数值上是最长波的 1/3 和 1/2。该细纱机前皮辊直径 $D=28$mm，$\lambda=\pi D=2.8\times3.14=8.79$（cm），这与波长 9cm 机械波相近，为主波；4.5cm、3cm 机械波为谐波。该锭胶辊从表面上看并无明显问题，将该胶辊拿到胶辊室检测，胶辊偏心±6 度（表 3-5）。

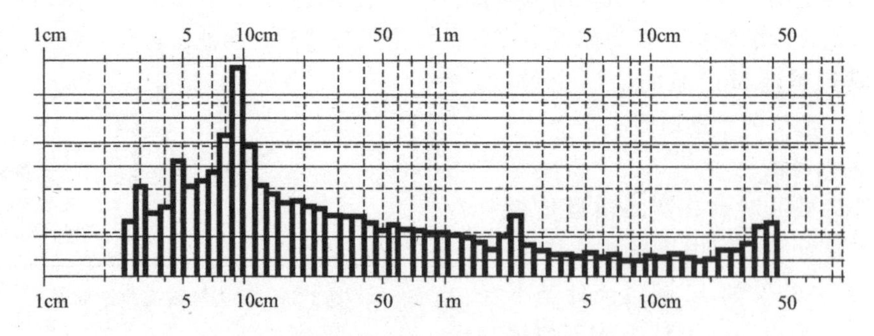

图 3-38 有谐波的细纱波谱图

几种典型的周期性不匀疵点实例见表 3-5。

7. 隐波（潜在性不匀）的存在

隐波是指由于波长很短，在前道工序波谱图上反映不出来或不明显而被忽视。但在本道工序经牵伸放大后反映明显。因其波长和本道工序产生的波长相近，因而往往误认为是本道工序的问题。如粗纱罗拉扭振、齿轮安装不良、齿轮磨灭间隙过大等导致的罗拉高频振动等都可能造成隐波，即在粗纱的波谱图上反映不出来，只有在细纱的波谱图上才能反映出来，

但其波长可能和细纱工序产生的波长相近，而误认为是细纱工序的问题。

表 3-5　几种典型的周期性不匀疵点实例

序号	疵点类型	疵点波形	周期性疵点的波长谱	纱条波谱图	实例
1	正弦形周期性疵点在波长谱中只显现基波	8cm	相对振幅 1 8 cm 波长	λ 8cm	环锭细纱机前罗拉偏心
2	对称的非正弦周期性疵点，在波长谱中显现基波和奇数谐波	8m	相对振幅 1 1.14 1.6 2.67 8 m 波长	λ/7 λ/5 λ/3 λ 8m	因往复运动在化学纤维丝筒上造成的对称性纱线张力不匀
3	不对称非正弦周期性疵点在波长谱中显现基波和奇数、偶数谐波	6m	相对振幅 1 1.2 2 6 m 1.0 1.5 3 波长	λ/6 λ/5 λ/4 λ/3 λ/2 λ 6m	因往复运动在化学纤维丝筒上造成非对称性纱线张力不匀
4	正负向的脉冲形周期性疵点在波长谱中显现基波、奇数、偶数谐波，基波波峰低于谐波	21cm	相对振幅 1 3 4.2 7 21 cm 3.5 5.3 10.5 波长	λ/6 λ/5 λ/4 λ/3 λ/2 λ 21cm	转杯内有污物或粉尘
5	正向或负向的脉冲形周期性疵点在波长谱中显现基波、奇数、偶数谐波，但第一谐波的振幅与基波基本相同	3m	相对振幅 1 0.43 0.6 1 3 m 0.5 0.75 1.5 波长	λ/6 λ/5 λ/4 λ/3 λ/2 λ 3m	环锭细纱机上胶圈表面缺损

梳棉与并条的条子在条筒内向中心的一段会形成翻转、折叠，随着条筒渐渐变满，压力增大，而使折叠处压紧，留在条子上，这样的试样会产生与圈长相等的周期性粗节疵点，称为圈条效应，但在以后工序中经牵伸作用即消失，并非真实存在不匀。

造成纱条不匀的原因是多种多样的，在波谱分析时，只有通过大量的实践积累，加上丰富的工艺理论知识，才能得到迅速而正确的分析结果。

第四节 提高条干均匀度的措施

细纱条干均匀度是成纱质量的一项重要指标，不仅与单纱强力、单强变异系数和细纱断头有关，而且还影响准备、织造断头和布面条影与平整。产生条干不匀的原因是多方面的，以下就纺纱原料特性、纺纱工艺和设备机械状态等几方面进行讨论。

一、 纤维材料特性与成纱条干均匀度的关系

纺纱所用的纤维材料，由于原料、品种、品级等的不同，在长度、细度、强力特性方面都会存在差异和不匀。因此，即使纺纱技术条件保持相同，但由于纤维材料本身特性的差异，纺成纱的条干均匀度会有明显差别。

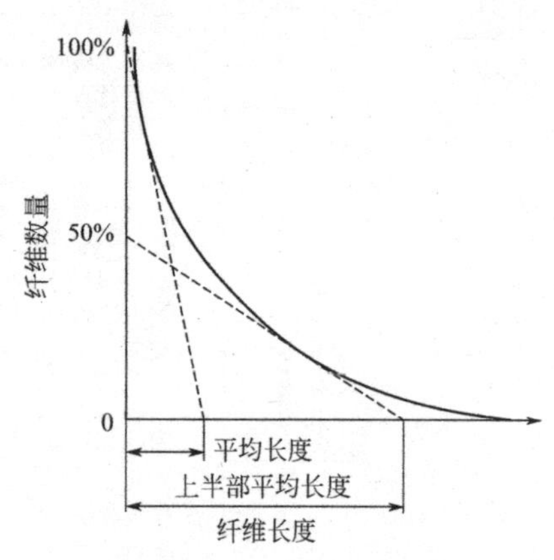

图 3-39 HVI 模式整齐度

纤维的长度、整齐度、细度、细度不匀、短纤维率和有害疵点，对成纱条干均匀度均有一定的影响，因此控制成纱条干，首先要正确选择原料。

（一）纤维长度、整齐度与成纱条干的关系

在纺纱过程中，罗拉牵伸机构对不同长度的纤维不能给予同样有效的控制，造成了短纤维的失控和浮游纤维变速点分布不集中，输出纱条中纤维头端移距偏差增加，使得成纱条干恶化，特别是在纤维整齐度较差时，成纱条干 *CV* 值明显增加。

目前，国际上普遍通用的衡量整齐度的标准有两种，一种是 ICC（国际标准校准棉）模式整齐度，另一种是 HVI（高能量测试仪）模式整齐度（图 3-39）。两种模式对整齐度的定义分别为：

$$\text{ICC 模式整齐度}=\frac{50\%\text{纤维跨距长度}}{2.5\%\text{纤维跨距长度}} \tag{3-20}$$

$$\text{HVI 模式整齐度}=\frac{\text{平均纤维长度}}{\text{上半部平均纤维长度}} \tag{3-21}$$

HVI 模式测试的纤维整齐度与成纱条干 *CV* 值、细节、粗节及棉结的关系见表 3-6。由表 3-6 可知，选择长度长、整齐度好的纤维有助于成纱条干的改善。

普梳纱与精梳纱相比，由于精梳机将大量短纤维排除，因此精梳纱的条干均匀度比普梳纱好。根据资料统计，同类品种精梳棉纱的条干 *CV* 值比普梳棉纱平均约低 20%左右。在纺纱过程中，由于机械的打击会折断纤维，使短纤维的含量增加。因此，控制和减少短纤维的增加，有利于改善成纱的条干均匀度。

表 3-6　纤维整齐度与条干 CV 值、细节、粗节及棉结的关系（CJ7.3tex）

整齐度	条干 CV 值(%)	细节(个/km)	粗节(个/km)	棉结(个/km)
84.1	16.54	89	189	205
85.2	16.01	80	162	172
86.5	15.71	67	130	150
88.5	15.12	47	105	127
89.5	14.91	31	82	99

（二）纤维细度与成纱条干的关系

纤维细度对成纱条干影响较大，在纺制一定细度的纱条时，纤维细度影响纱条截面中的平均纤维根数，对纤维在纺纱过程中因纤维随机排列而引起的不匀有较为显著的影响，纤维越细或纱条截面内纤维的根数越多，则纱条中纤维随机排列所产生的不匀率越低。从数理统计理论可知，如取纱条截面中的纤维平均根数为 n，则纱条各截面点间纤维根数分布不匀造成纱条截面积不匀的变异系数为：

$$C_{\mathrm{n}}=\frac{1}{\sqrt{n}}\times100\%=\sqrt{\frac{N_{\mathrm{m}}}{N_{\mathrm{mc}}}}\times100\% \tag{3-22}$$

式中　C_{n}——纱条截面不匀变异系数；

n——纱条截面中的平均纤维根数；

N_{m}——纱条公制支数；

N_{mc}——纤维公制支数。

如计入纱条截面中各根纤锥间的细度不匀和纱条中某根纤维在长度方向各截面的细度不匀因素，则纱条截面不匀变异系数纱条截面积不匀的变异系数为：

$$C_{\mathrm{a}}=\frac{100\sqrt{1+0.0001C_{\mathrm{C}}^{2}}}{\sqrt{n}} \tag{3-23}$$

或

$$C_{\mathrm{a}}=\sqrt{\frac{100^{2}}{n}+\frac{C_{\mathrm{C}}^{2}}{n}} \tag{3-24}$$

式中　C_{a}——纱条截面积不匀的变异系数；

C_{C}——单纤维截面积不匀的变异系数；

n——纱条截面中的平均纤维根数。

式(3-23) 表示纱条由于纤维随机排列而形成的不匀率，其数值完全取决于纱条各截面间纤维根数差异和单纤维截面积的不匀，其所占比重分别由该式中右面的第一项和第二项表明，而其中第一项因素，即纤维根数不匀起决定性影响。因此，要获得优良的成纱条干，在控制纤维细度的同时，还要控制纤维细度。

一般认为环锭纺的纱条截面内平均纤维根数不少于 35 根，而转杯纺、喷气纺和涡流纺等新型纺纱的截面内纤维根数不少于 80 根，否则将影响正常纺纱。因此，纤维细度对纱条的条干均匀度及可纺的线密度都有关系。

（三）短纤维（短绒）率和有害疵点与成纱条干的关系

1. 对短纤维掌握的标准

美国在原棉检验标准上和棉纺厂均以 12.7mm（0.5 英寸）以下长度纤维为短纤维。

英国和瑞士等国以平均长度以下为短纤维。平均长度以下短纤维含有量在30%～35%为好，在45%～51%为差（含短纤维量多）。棉纤维经清、梳处理，纤维受到损伤后，纤维的平均长度减短，这对成纱的条干、强力等质量指标有影响，短纤维含量多时，成纱条干和外观变差。这种以平均长度以下为短纤维的标准，用平均长度和短纤维含有率两个指标来衡量成纱质量的规律有一定的科学道理。

我国对30mm以下长度的棉纤维，规定16mm以下的纤维为短纤维（原称短绒）；对30mm以上长度的棉纤维，规定20mm以下的纤维为短纤维。它起源于原棉检验标准，后来在棉纺厂也应用这种标准。

兹威格系统（Zweigle System）以10mm以下长度的纤维为短纤维。兹威格系统认为粗纱、细纱牵伸机构不能控制纤维的长度是10mm及以下长度的纤维。10mm以下纤维的含有量与成纱质量有关，在纺19.4tex（30英支）以下细特纱时反映显著。

2. 短纤维含有率与成纱条干*CV*值、成纱外观的关系

中特、细特纱短纤维含有率与成纱条干*CV*值、成纱外观的关系分别见表3-7和表3-8。

表3-7　中特纱短纤维含有率与成纱条干*CV*、成纱外观的关系

纱线密度[tex(英支)]	12.7mm以下纤维含有率(%)	条干*CV*值(%)	成纱外观
26.14(22.31)	8.6	16.0	B/B⁻(良)
25.38(22.97)	11.6	17.3	C(中)

表3-8　细特纱短纤维含有率与成纱条干*CV*、成纱外观的关系

纱线密度[tex(英支)]	10mm以下纤维含有率(%)	成纱条干*CV*(%)	成纱外观
19.44(30)	4.5	20.1	B^-(良)
	9	22.6	D^+(差)
	15	27.8	D(非常差)
14.58.(40)	4.5	21.7	B^-(良)
	9	23.4	D^+(差)
	15	29.7	D(非常差)

从表3-7、表3-8可见，短纤维含有率高则成纱条干*CV*值高且外观差，而短纤维含有率低就好。

中特纱用棉：16mm以下纤维含有率为13%～14%；10mm以下纤维含有率为5.6%～6.5%，占16mm以下纤维含量的43%～46%。

细特纱用棉：16mm以下纤维含有率为9%～10%；10mm以下纤维含有率3%～3.5%，占16mm以下纤维含量的33%～35%。12.7mm以下纤维含有量约为16mm以下纤维量中的50%～60%。

中特纱原料中12.7mm以下短纤维含有率每增加3%，则相应细纱条干*CV*值增加1%；细特纱原料中10mm以下短纤维含有率每增加2%，则相应细纱条干*CV*值增加1%。

一般棉纤维经过清棉工序增加短纤维含有率1%～3%，经过梳棉工序增加1%～2.5%（化纤增加0.5%～1%），经过清梳工序共增加短纤维含有率3%～4%。如果经过清梳工序，短纤维含有率各增加3%、5%，则表明纤维损伤过多，短纤维含有率增加太多，应采取措

施降低短纤维含有率。中特、细特纱生条 16mm 以下短纤维含有率 14%为一档水平，18%为二档水平，21%为三档水平。即每一档水平，细纱条干 *CV* 值约增加 1%。

3. 有害疵点与成纱条干均匀度的关系

原棉中的有害疵点，特别是带纤维的杂质，在牵伸过程中会引起纤维的不规则运动，破坏正常牵伸，使成纱条干均匀度恶化。从表 3-9 可以清楚地看到粗节成因中，有害疵点棉结、带纤维籽屑、僵棉占 32.66%，其比例甚大。因此，在选配原棉时，必须对有害疵点给予控制。

表 3-9 粗节分析

粗节成因	扭结、乱纤维	棉束	短纤维	棉结	带纤维籽屑	僵棉
占粗节百分比(%)	23.70	19.70	23.94	16.41	13.01	3.24

另外，原棉的成熟度是原棉各种性能的集中反映，成熟度越低，单纤维强力就越低，加工中易被拉断，使短纤维含量增加；成熟度低的原棉，有害疵点多，且不易被排除；成熟度与纤维间的摩擦系数也有密切关系，因此应十分重视原棉成熟度的选择。一般宜选用颜色洁白或乳白，有丝光或光泽不佳而底色显“老”，手握时感觉弹性较大，放松时能回复原状的成熟度好的原棉，即应选用马克隆值 A 级或 B 级原棉，不宜选用 C 级。

（四）纤维伸直度与成纱条干的关系

纤维的几何形态、纤维伸直度也影响纱条的不匀。以上讨论纱条随机不匀都是将纤维看成是平行伸直的状态。实际上，短纤维纱中存在弯钩等非伸直状态的纤维，有的纤维还相互扭结，这样的纤维在牵伸过程中影响牵伸机构的有效控制，产生不规则的纤维运动，从而造成附加不匀。因此，考虑纱条总的随机不匀数值，可将理想纱条的极限不匀率作为 100%，再加上由于纤维状态因素而引起的附加不匀，用两者平方和的开方来估计。实际上，不伸直的纤维还会引起牵伸区纤维的不规则运动，所以实际产生的不匀可能比理论计算的更大。因此，在前纺工序中应充分松解纤维、伸直纤维，将有利于成品条干均匀度的提高。

二、半制品结构与成纱条干均匀度的关系

半制品质量包括半制品的外在质量和内在质量。外在质量即为条干均匀度和重量不匀率，内在质量则是半制品的结构，包括半制品中纤维分离度、伸直度、短绒率和棉结杂质等。其中分离度是指一定长度纱条中，单根纤维数与总纤维根数的比值；伸直度是纱条中纤维与纱轴向平行伸直的程度。半制品结构对成纱条干影响很大，改善半制品的结构可以提高成纱条干均匀度。

为了稳定和提高成纱条干均匀度，清棉工序应在减少纤维损伤的情况下，力求提高棉块的开松度和混和均匀度，因此清棉流程中应贯彻多包抓取，精细抓棉，大容积混和，增加自由打击，减少握持打击，梳打结合，以梳为主的工艺技术路线，做到棉卷纵横结构良好。如采用两台 FA002 型圆盘抓棉机并联抓棉或采用一台 FA006 型往复式抓棉机，增加堆包数，并由锯齿刀片打手实现精细抓棉，抓取的棉包多，棉块小；采用单轴流或双轴流开棉机取代 FA104 型六滚筒开棉机实现自由打击；采用多仓混棉机实现大容积混和；适当减少打击点，豪猪开棉机用圆盘锯齿刀片打手或锯齿辊筒替代刀片打手，以梳代打，并适当降低打手速度，以减少短纤维率的增长和棉结的增加。

梳棉工序应采用高速度、强分梳、良转移的工艺原则，适当提高锡林速度，保证刺辊锡林速比，增加分梳元件（如固定分梳板和固定盖板），采用新型针布（新型刺辊锯条，新型锡林、道夫、盖板针布），加强除杂除尘吸风，提高棉网清晰度，以改善生条质量。

并条工序应针对生条棉纤维结构较乱、前弯钩纤维较多这一特点，着重改善纤维的定向性（平行伸直度），减少弯钩纤维在并条形成棉结的机会。应采用顺牵伸工艺，即头并牵伸倍数略小于并和数，二并牵伸倍数略大于并和数的牵伸工艺；头并牵伸倍数小，有利于前弯钩纤维伸直，二并牵伸倍数大，有利于后弯钩纤维伸直，从而提高纤维伸直平行度。另外保持正常的机械状态，降低牵伸波，消灭机械波，以提高并条棉条条干均匀度。

粗纱工序应保证喂入品须条的良好结构状态和条干均匀度不受破坏，应选用先进的牵伸形式、合理的牵伸工艺，并保持良好的机械状态，防止粗纱机械波的产生。

对生条，纯棉纱应提高生条内纤维的分离度和伸直度，减少纤维损伤，降低短纤维率的增长；对精梳涤/棉混纺纱，半制品短纤维率较低，纤维整齐度较好，因此相对地说，纤维的分离度和平行伸直度影响较为显著。尤其是部分国产涤纶，硬并丝多、分离度较差的等长纤维在牵伸区中容易形成集束运动，破坏纤维的正常速度，影响条干均匀度。

含有不同短纤维率的生条对成纱条干 *CV* 值的影响见表 3-10。

表 3-10 含有不同短纤维率的生条对成纱条干 *CV* 值的影响

生条短纤维率(%)	25.4	20	17.7	14.5
成纱条干 *CV*(%)	20.3	19.4	18.2	17.4

纤维的良好分离状态是提高纤维伸直平行度，减少和清除棉结、杂质、短纤维的基础，对成纱条干有着极其重要的影响。喂入纱条中存在的小棉束、棉结、杂质等，必然引起纱条轴向紧密度的差异，即使在加压稳定的条件下，纤维间的抱合力仍处处不同，特别是有小棉束存在时，这部分纤维会因内部摩擦力特别大而成束运动，影响牵伸过程，产生严重的牵伸波，使成纱条干不匀率增加。对并条棉条，应着重提高纤维的伸直度。为了说明伸直度对纱条均匀度的影响，这里以最理想、最简单的情况进行分析。首先考虑由单根伸直纤维连续排列时的不匀率。

由数理统计可以推出，经过 E 倍理想牵伸后，其制品不匀率可用下式表示。

$$C^2 = C_0^2 + \frac{L+K}{L}(E-1) \tag{3-25}$$

式中 C——经牵伸后的纱条不匀率；

C_0——喂入纱条不匀率；

L——纤维长度；

K——纤维头尾端间距；

E——牵伸倍数。

由式(3-25) 可知，牵伸后的附加不匀与 $E-1$ 成正比，如牵伸前纤维首尾端相连，即 $K=0$，假设 $C_0=0$，得牵伸后的不匀率 $C=\sqrt{E-1}$；若 $E=1$，则 $C=0$。即完全均匀的纱条经 1 倍牵伸后得到仍然完全均匀的纱条。若考虑纤维不完全伸直，令伸直度为 η，纤维头端的距离对未伸直纤维长度 ηL 的比值，即 $E=L/(\eta L)=1/\eta$。当纤维具有不同数值的伸直度时，可以分别计算出相应的附加牵伸和附加不匀率的数值。并可将此值和理想纱条的随机不匀率相加，获得在纤维不完全伸直条件下的总随机不匀率的估计值（表 3-11）。

表 3-11　纤维伸直度与纱条随机不匀率的关系

纤维伸直度系数 η	1	0.9	0.8	0.7	0.6	0.5	0.25
附加牵伸倍数	1	1.11	1.25	1.43	1.67	2	4
附加不匀率(%)	0	33.3	50	65.6	81.6	100	173
总随机不匀率(%)	100	105	112	119	129	141	199

表 3-11 中的总随机不匀率数值，是将理想纱条极限不匀率取 100%时，和由于纤维存在不伸直状态而引起的附加不匀率，二者平方相加后再开方求得。例如，当 $\eta=0.9$ 时，附加不匀率值为 33.3%，则总随机不匀率值为$\sqrt{100^2+33.3^2}=105$。随着纤维伸直度系数减小，纱条的不匀率就愈大。

上述分析，只是考虑了纤维伸直度和纤维在纱条内排列对不匀率的影响，事实上，伸直过程中因纤维弯钩对纤维运动的影响还是相当大的。首先是纤维在牵伸区内的有效长度减短，促使纤维浮游动程增加；其次是纤维在牵伸过程中因不伸直而引起互相缠结，造成纤维集束运动，以及不伸直纤维本身在牵伸时受到伸直的作用过程而破坏其运动的规律等，都会使条干恶化。所以，伸直度对纱条不匀率的实际影响，比以上计算的附加不匀值要大得多。

另外，粗纱结构对细纱条干均匀度也有一定影响，粗纱结构包括粗纱条内所含棉结杂质和短纤维、纤维的伸直度、粗纱的重量不匀率和条干不匀率。粗纱条干若有规律性不匀（机械波），即使粗纱条干 *CV* 值不算高，细纱条干 *CV* 值也相对偏高。因此要降低细纱条干 *CV* 值，不仅要降低粗纱条干 *CV* 值，而且要减少和消灭粗纱的机械波。

三、 纺纱工艺与成纱条干均匀度的关系

（一）罗拉牵伸区工艺参数对条干均匀度的影响

环锭纺罗拉牵伸区的工艺参数，如牵伸倍数、罗拉隔距、并合根数、喂入品的定量等，都会对成纱的条干均匀度产生影响，因此必须进行优选和控制。

1. 牵伸倍数和罗拉隔距对牵伸附件不匀的影响

纤维束经过牵伸作用，会产生条干附加不匀。根据试验证明，在其他条件不变的情况下，牵伸倍数增大，则附加不匀相应增大，呈近线性的关系；且喂入品线密度越细，附加不匀相对较大。因此，要根据设备条件，适当配置喂入定量与牵伸倍数。

罗拉隔距直接关系到牵伸过程中对纤维运动的控制，若隔距偏大，会削弱对纤维的有效控制，使附加不匀增大。通常罗拉隔距采取略大于纤维的平均长度。

2. 牵伸形式与条干均匀度的影响

（1）并条机的牵伸形式。在现代新型并条机上，已采用自动的工艺优化装置（AUTO-DRAFT）。该罗拉牵伸装置的中间罗拉采用了单独传动，根据传动电动机消耗功率的大小，即能测出牵伸区相应的牵伸力大小。由于牵伸力随牵伸倍数的增大而增加，到达峰值后，若牵伸倍数继续增加，牵伸力反而降低。因此，要求设定在最大牵伸力条件下运转，以纺出相对均匀的纱条。实际生产时，可用喂入品先做一定时间的试运转，机器即能按设计的输出定量调整到最佳的牵伸分配，机器自动调整并设定在该状态下运转，从而达到自动优化工艺的目的。

（2）细纱机的牵伸形式。细纱工序是改善条干 *CV* 值的关键工序，采用先进的牵伸形式，能显著降低成纱条干 *CV* 值。

代表当前国际纺机先进水平的棉纺环锭细纱机牵伸装置的型号是德国的 SKF 型牵伸、INA-V 型牵伸、苏逊 HP 型牵伸，瑞士立达公司的 R2P 型牵伸。国产 FA500 系列细纱机可配以上四种牵伸。四种现代牵伸装置的前区工艺均贯彻“重加压、强工艺”的工艺原则，体现“三小”工艺——小浮游区长度（中心线测量：SKF 型 16.41mm，R2P 型 15.5mm，INA—V 型 15.8mm，HP 型 14.4mm）、小胶圈钳口隔距（主要体现在弹性钳口上）和小罗拉中心距。判断前区牵伸性能优良与否，除了牵伸元件质量之外，还体现在浮游区长度和前中罗拉中心距上。浮游区长度短，意味着前区牵伸摩擦力界分布广而强，非控制面短，这显然有利于对浮游纤维运动的控制和成纱条干均匀度的提高。

现代细纱牵伸装置后区牵伸主要区别在于牵伸形式及其相应工艺上。后区牵伸是为前区牵伸作准备，具体要求是，喂入前区纱条具有较好的条千均匀度和结构均匀度；较大的紧密度和具有稳定的后钳口；防止纱条在后钳口滑移。INA-V 型后区牵伸是当前现代牵伸装置后区牵伸中最合理的一种形式。它的后区采用曲线，有较长的钳口握持距和较短的非控制区长度，既增大了后区摩擦力界强度，加强了对牵伸纱条和纤维运动的控制，又有对纤维长短不匀适应性好的特点，减小了位移牵伸产生的牵伸波，这是 V 型牵伸后区牵伸范围较大的原因。在粗纱捻回配合下，后区位移牵伸不仅不扩散纱条宽度，反而形成狭长 V 型牵伸纱条，明显增大纱条内摩擦力界强度和纱条紧密度。由于 V 型牵伸纱条特性，粗纱捻系数适当提高，综合利用了曲线牵伸和粗纱捻回对纤维的控制能力，粗纱捻回掌握比较灵活且适中。

3. 细纱牵伸分配与成纱条干 *CV* 值的关系

在细纱工序的牵伸分配设计中，由于前区具有较强的控制浮游纤维运动的能力，而且被控纱条截面中纤维数量少，因而前区的牵伸倍数变化与对纤维运动控制能力较差的后区相比，对成纱不匀的影响也就小一些。因此，牵伸分配着重讨论后区牵伸倍数的大小与纱条不匀的关系。

图 3-40 表示后区牵伸倍数取不同值时细纱的工艺。从图 3-40 中可看出，第一类工艺的牵伸倍数在 1～1.4，即保持较小的后区牵伸倍数，主要发挥前区的牵伸能力；第二类工艺牵伸倍数大于 2，即采用增大后牵伸倍数以达到提高总牵伸能力的目的。

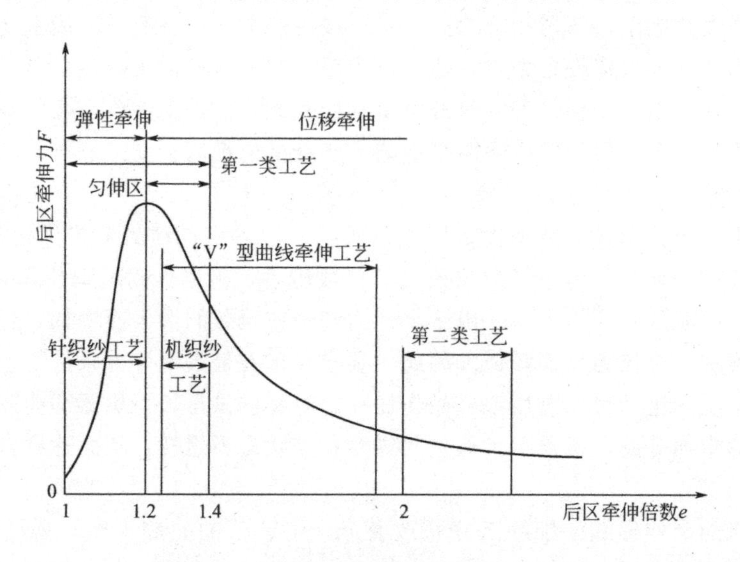

图 3-40　后区牵伸倍数与细纱的几类工艺

目前生产中大多采用第一类工艺，后区牵伸倍数在纺机织用纱时为1.25～1.50，属于匀伸区范围；在纺针织用纱时为1.02～1.15，属于弹性牵伸的范围。此类工艺不仅条干好，而且因后区隔距可以稍大，故当后区牵伸倍数在较小范围内变动时，隔距可不作调整。其罗拉中心距一般在45～53mm范围内。图3-40中第二类工艺一般较少采用，若要采用，后区牵伸倍数应在2.5以下为宜，同时后区隔距要根据纤维长度的变化及时调整。V型牵伸不在此例。

某厂在总牵伸倍数39.8，罗拉中心距42.8mm×50.8mm，纺T/C13tex纱时，逐步调整后区牵伸倍数得到相应的成纱条干*CV*值，见表3-12。

表3-12　后区牵伸倍数与细纱条干*CV*值的关系（T/C13tex）

后区牵伸倍数	1.11	1.15	1.20	1.25	1.31	1.36	1.43	1.50	1.58	1.67	1.76
细纱条干*CV*值(%)	16.46	16.27	17.41	17.81	18.57	18.85	18.80	19.71	20.65	21.34	22.28

从表3-12可见，13tex涤/棉纱随着后牵伸倍数的增加，其条干*CV*值不断上升，条干均匀度明显恶化。

细纱工艺中，用减小后区牵伸倍数以降低条干*CV*值已成为一些厂的经验；针织用纱强调用较小的后牵伸甚至用近乎单区牵伸的分配方法，已成为普遍经验；机织用纱根据一些厂的经验，在工艺条件配合适当时，也有可能进一步减小后区牵伸倍数，并获得较小的条干*CV*值。

细纱机牵伸分配与细纱条干不匀率的关系，可以用前苏联布特尼科夫等导出的公式加以解释：

$$a_2=aE-(L_1-L_2)(E-e_2) \tag{3-26}$$

式中　a_2——牵伸后两根不同长度的纤维L_1及L_2头端间的移距；

a——牵伸前两根不同长度的纤维L_1及L_2头端间的移距；

E——总牵伸倍数；

e_2——三罗拉牵伸前区牵伸倍数；

L_1、L_2——两根不同长度纤维的长度。

根据式(3-26)，纤维在输出纱条中的相互位置，取决于将总牵伸分配成部分牵伸的方法，因此，所得纱条不匀率也取决于牵伸的分配。如果要使经牵伸后的纤维，在前端间的距离以牵伸倍数的比值增大，使牵伸后纱条的不匀率不恶化，就要求$a_2=aE$，即满足：

$$(L_1-L_2)(E-e_2)=0 \tag{3-27}$$

理想的情况是式(3-27)两项的乘积等于零。

当$e_2=E$时，$E-e_2=0$，即在三罗拉牵伸中，当前区牵伸倍数e_2等于总牵伸倍数E时，可以获得较小的纱条不匀率。这样就要求后区牵伸倍数e，尽可能地接近1。这就是单区牵伸或缩小后区牵伸倍数能降低纱条不匀率的理论。

当$L_1=L_2$时，$L_1-L_2=0$，即等长纤维纺纱或者说喂入纱条中纤维长度差异愈小，纺出细纱的条干不匀率就愈小。这就是为了降低细纱条干*CV*值，要求粗纱条中纤维整齐度好、短纤维率低、纤维伸直度高的原因，以及等长纤维纺纱时，细纱后牵伸可适当大一些的道理。

由于第一类工艺（表3-13）适应性较广，对于原棉条件、纺纱细度等变化不太大时，后区牵伸倍数和隔距一般不需要调整，简化了工艺管理工作。同时，后区隔距较大，容易满足牵伸力小于握持力的条件，因此被广泛应用。

表 3-13 细纱第一类工艺

工艺类型	机织用纱工艺	针织用纱工艺
后区牵伸倍数	1.25～1.5	1.02～1.15
范围	匀伸作用	弹性牵伸
原因	机织纱对粗节敏感	针织纱对细节敏感
作用	能防止粗节产生	能防止细节且条干好

当喂入纱条纤维整齐度好、条干均匀、结构均匀时，如化纤混纺纱，可采用第二类工艺，但后区隔距必须与纤维长度相适应，一般为纤维平均长度（棉纤维为品质长度）加 2～4mm，中、后罗拉压力要相应加重，后牵伸倍数可提高到 2～2.5。但当超过 2.5 倍以上时，成纱在 0.8～1m 片段周期波显著增高。因此，即使采用第二类工艺，后区牵伸倍数还是以偏小掌握为宜，以使成纱均匀度保持一定的水平。

（二）粗纱捻回在细纱牵伸区中的应用

粗纱上捻回能使纱条紧密度增大。实验表明，在一般实用范围内，粗纱紧密度随着粗纱英制捻系数增大近似线性增大，从而使纱条内纤维之间接触点上压力增大，这就增大了纤维之间相互摩擦控制力。由于纱条上捻回是连续分布的，并随着牵伸纱条一起流动，因此就在牵伸纱条上附加一个连续的动态摩擦力界。由于牵伸纱条上捻回分布规律不同，形成的摩擦力界形态也不同，对牵伸过程影响也就不同。

在细纱后区牵伸第一类工艺条件下，牵伸区中纱条上捻回分布与喂入粗纱上捻回分布情况差别不大，因为后区牵伸倍数小，仅存在局部解捻作用，使输出牵伸区的纱条上捻回有所减少；当后区牵伸增大到第二类工艺时，随着牵伸纱条变细，会不断发生绕轴心旋转，产生捻回向前方细段流动、集中的捻回重分布现象（当有捻纱条承受张力、牵伸和抖动时，纱条各处的截面形态、应力发生变化。扭矩大的截面有足够的能量把捻回传递给扭矩小的截面，自行调整达到新的平衡状态，这种现象称捻回重分布）。

显然，此类牵伸区内附加摩擦力界不利于对浮游纤维的控制。因为它的形态是越向前，摩擦力越强，即增大了引导力，削弱了控制力，使浮游纤维提早变速，从而破坏成纱条干。因此在普通细纱后区牵伸中，仅利用高捻来控制纤维运动是不可靠的。这就是后区第二类牵伸工艺时，用低捻粗纱和紧隔距的理由。

在后区第一类牵伸机织纱工艺中，粗纱片段上捻回分布不匀在当大的程度上弥补了粗纱条的粗细不匀与结构不匀，因而在后区牵伸中产生积极的匀伸作用，后区输出纱条粗细均匀度比喂入粗纱有改善，但相邻片段紧密度差异反而增大。原粗纱的粗段变得更松散，相邻细段相对松解少。相邻片段紧密度差异增大是不利于前区进行牵伸的，故在匀伸作用牵伸值范围内，后区牵伸以偏小掌握为宜。

后区第一类牵伸针织纱工艺中，弹性牵伸匀伸作用弱，不仅可防止喂入前牵伸区纱条紧密度差异增大，还有利于捻回分布不匀的改善。这对前区牵伸非常有利，也是针织纱工艺后区小牵伸和高捻粗纱配合使用的依据。

在细纱前牵伸区中，要使捻回产生的附加摩擦力界有利于牵伸过程中对浮游纤维运动的控制，就必须防止捻回向前钳口流动的重分布现象。上下胶圈握持纱条能够防止捻回流动，因此其捻回分布如图 3-41 所示。

这种捻回分布所产生的附加内摩擦力界强度由后向前逐渐减少，并一直延伸到前钳口。显然这种摩擦力界强度分布形态基本上是合理的，它增强了控制力，可作为控制纤维运动的一种有效方法。因此，经过后区牵伸后，牵伸纱条带着一定数量捻回进入胶圈牵伸区，有利于对纤维运动的控制。另外，前牵伸区牵伸纱条上捻回还能作为胶圈牵伸区中间摩擦力界的补充，并对牵伸纱条宽度有一定的压缩作用，防止纤维扩散。这些对提高条干均匀度都是有利的。

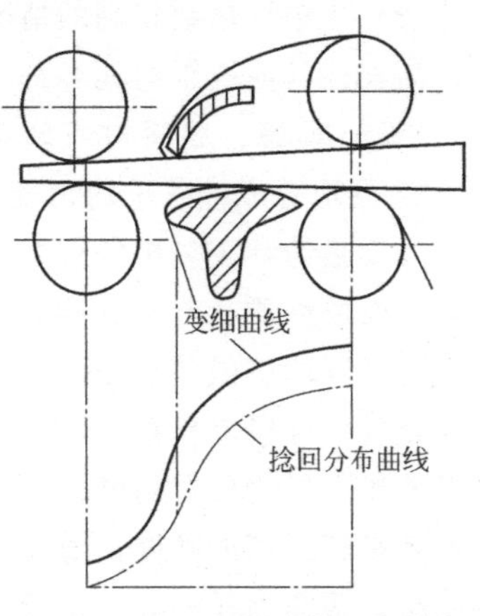

图 3-41　捻回在细纱前区的分布

（三）罗拉握持距与成纱条干均匀度的关系

一般在不损伤纤维并能保持牵伸力与握持力相平衡的条件下，罗拉握持距偏小掌握为宜。一般情况下，罗拉握持距大于纤维平均长度（棉纤维为品质长度）一定数值，至于大多少，应视具体情况而定。在保证牵伸力与握持力相平衡的条件下，罗拉握持距大时，因浮游动程的增加以及牵伸区中部摩擦力界强度减弱，将削弱对纤维控制的能力。特别是在简单罗拉牵伸装置中，将导致纱条均匀度的急剧恶化。

当原料和牵伸机构一定时，罗拉握持距与牵伸附加不匀率间存在近似直线关系，其关系可用下式表示。

$$CV_E^2 \propto \frac{R-R_0}{R_0} \tag{3-28}$$

式中：CV_E——E 倍牵伸时的牵伸附加不匀；

R——实际罗拉握持距；

R_0——最佳罗拉握持距（其值略大于纤维平均长度）。

实际罗拉握持距与最佳罗拉握持距差异愈大，经牵伸后的成纱条干均匀度愈差。

前牵伸区浮游区长度，直接关系到对短纤维运动的控制能力。缩短浮游区长度意味着，一方面减少浮游区中未被控制的短纤维的数量；另一方面胶圈钳口摩擦力界相应向前方伸展，加强了对浮游区内浮游纤维的控制力。因此，缩短浮游区，可使牵伸区内纤维变速点分布向前钳口靠拢而集中，并有利纤维变速稳定。缩短浮游区长度，牵伸力相应增大，因而必须加重前钳口的压力，解决牵伸力大而握持力不足的矛盾。缩短浮游区长度的同时适当加重前钳口压力，有利于改善成纱条干均匀度。

（四）机械缺陷对成纱条于均匀度的影响

最常见的机械上缺陷如罗拉或胶辊的偏心，胶辊的中凹、弯曲、损伤，胶圈的损伤或断裂，牵伸加压装置的失效，牵伸传动齿轮的缺损或啮合不良，针布或刺辊表面的损伤及纤维通道的沾污或阻塞等。机械上的缺陷不仅影响纱条条干均匀度变差，而且由于周期性的不匀，将对最终产品的外观产生严重的影响，有时会造成大面积的突发性质量问题。因此，机械缺陷也是纱线条干均匀度实验与分析中重点关注的内容。

罗拉偏心对条干不匀的影响主要有以下几点。

（1）罗拉偏心所产生的附加不匀，随偏心率与牵伸倍数的增大而相应增大。

（2）在牵伸倍数较低的情况下，下罗拉偏心比上罗拉偏心对附加不匀的影响更大。因此，并条机或粗纱机的前罗拉偏心对条干不匀的影响较显著。

（3）在牵伸倍数较高的情况下，上、下罗拉偏心对附加不匀的影响相似。因此，在细纱机，前罗拉与前胶辊的偏心都对条干不匀有相似的影响。

（五）胶辊、胶圈对成纱条干均匀度的影响

1. 胶辊对成纱条干均匀度的影响

胶辊是纺纱工艺中的重要牵伸部件，其质量的好坏及应用技术的优劣对其使用效果、使用寿命及成纱质量有着直接的影响。

对胶辊的一般要求是硬度均匀，表面光洁，色泽一致；胶辊的长度、内径、壁厚、表面高低差异、外径差异都要在一定的允差范围内；表面不允许有气泡、裂伤、缺胶，磨砺后无明显的粉点异物质；内壁圆整；有一定的抗张强度，永久变形小，耐磨、耐老化，并有一定的伸长率和适当的硬度，耐油。对温湿度有一定的适应性和抗静电性能；直径差异小，外圆偏心小，两端直径差异小，胶辊无晃动现象。

另外，胶辊的软硬度对条干也有一定影响，一般软胶辊纺纱能明显地改善条干均匀度，提高成纱质量。软胶辊具有弹性好，表面变形大，吸振能力强的特点，使钳口动态握持力保持相对稳定。软胶辊在压力的作用下，与罗拉组成的钳口线相对比较宽，使钳口线向两端延伸，造成既前冲又后移。钳口线前冲，缩小弱捻区，有利于降低细纱断头；钳口线后移，相对缩小了浮游区长度，有利于控制浮游纤维的运动，有利于改善条干均匀度。软胶辊横向握持均匀，对须条的边缘纤维控制能力强，这样有利于减少纤维的散失和减少飞花，也有利于条干均匀度。使用软胶辊，可适当减轻加压。胶辊加压减轻后，有利于节约用电，减少轴承、罗拉的损坏，减少罗拉的弯曲，延长使用寿命，降低纺纱成本。

2. 胶圈对成纱条干均匀度的影响

胶圈也是纺纱牵伸机构的重要元件，它的性能与质量与纺纱质量密切相关。选用适纺性能好的胶圈对纺纱生产尤为重要。

纺纱工艺要求胶圈具有良好的弹性和适当的硬度，否则会造成钳口压力的波动剧增，从而影响成纱条干均匀度。生产实践证明，胶圈弹性应采用“上圈高，下圈低，外层高，内层低”的配置方法；胶圈的硬度应采用“上圈软，下圈硬，外层软，内层硬”的配置方法。因为胶圈外层在牵伸过程中直接与纱条接触，在加压状况下，外层有较好的弹性和较低的硬度，使胶圈产生一定的弹性变形，须条表面被包围的面积越大，胶圈钳口处的密合性越好，横向摩擦力比较均匀，有利于对纤维的握持，同时也有利于延长胶圈寿命。而内层稍硬，可不使胶圈在受压情况下产生蠕动变形，甚至塑性变形，削弱胶圈在导纱动程内的弹性和握持力；同时胶圈内层与罗拉为滚动摩擦传动，故要求有较高的硬度和耐磨性。

胶圈尺寸对成纱条干均匀度有极大的影响，胶圈的内径应按“上圈略松，下圈偏紧”的原则掌握。胶圈内径过松，造成须条在牵伸过程中呈波浪形前进，起伏较剧烈，使上下胶圈不能贴紧或打滑，削弱了对纤维的握持控制，致使条干均匀度恶化。若胶圈内径配合过紧，则胶圈运行处于绷紧状态，造成阻力大，回转不灵活，易滑溜并引起抖动、停顿，中罗拉扭曲变形，从而造成竹节或出硬头，成纱粗节粗而短，黑板条干阴影淡而多等弊病，严重影响成纱质量。

胶圈的厚度应按“上圈薄，下圈厚”进行搭配使用。胶圈的宽度一般比胶圈架（或上销架）窄 0.75～1.00mm 为好。若胶圈宽度太窄，胶圈架两端边缘容易嵌入飞花，影响胶圈的正常回转；若胶圈太宽，则在运转中同胶圈架易碰撞摩擦，造成胶圈回转不灵活、打顿、胶圈架抖动等弊病。因此，胶圈宽度太窄或太宽都易造成成纱质量恶化。此外，胶圈的表面

摩擦系数、内外花纹、静电等都会影响条干。

四、 提高成纱条干均匀度的措施

从分析原料性能、半制品结构、细纱工序对成纱条干均匀度的影响可知，要提高成纱条干均匀度，必须做好以下的工作。

(1) 加强对原料的管理及性能的试验分析工作，在充分掌握原料性能的基础上，合理配棉，特别是对纤维长度、整齐度、细度、细度差异、短纤维率和有害疵点的控制，要严格执行配棉规程。

(2) 改善半制品结构，减少半制品中的短纤维率，提高半制品中纤维的伸直度、分离度，降低粗纱的重量不匀率和条干不匀率，特别要消灭半制品的机械性周期波和潜在不匀。

(3) 应采用先进的牵伸形式，使用加工精度高、纺纱性能好的牵伸元器件，进行合理的工艺设计，充分发挥各牵伸机件对纤维运动的控制能力，减小经牵伸后纱条内纤维的移距偏差，减少牵伸波。加强设备的保全保养工作，消灭罗拉、胶辊弯曲偏心，胶圈运转不良等现象，杜绝机械波的产生。减小牵伸波和杜绝机械波的产生对细纱工艺更为重要。

(4) 提高成纱条干均匀度是一项综合性的工作，必须充分发动职工，形成以广大职工为基础的质量控制体系，才能收到良好的效果。

第五节　熟条重量不匀率的控制

熟条质量的好坏直接影响最后细纱的条干和重量偏差，并最终影响布面质量。因此，控制熟条质量是实现优质的重要环节。工厂对熟条质量的控制主要有条干定量控制、条干均匀度控制及重量不匀率控制。

熟条的定量控制即将纺出熟条的平均干燥重量（g/5m）与设计的标准干燥重量间的差异控制在一定的范围内。全机台纺出的同一品种的平均干重与标准干重间的差异，称为全机台的平均重量差异；一台并条机纺出棉条的平均干重与标准干重之间的差异称为单机台的平均重量差异。前者影响细纱的重量偏差，后者影响细纱的重量不匀率。一般单机台平均干重差异不得超过＋1％，全机台平均干重差异不得超过＋0.5％。生产实践证明，当单机台的干重差异控制在＋1％以内时，既可降低熟条的重量不匀率，又可使全机台的平均干重差异降低到＋0.5％左右，从而保证细纱的重量不匀率和重量偏差均在标准范围内。因此，对熟条的定量控制主要是对单机台的平均重量差异进行控制。

为了及时控制棉条的纺出干燥重量，生产厂每班对每个品种的熟条测试两三次。方法是，每隔一定的时间在全部眼中各取一试样，试样总数根据具体品种所用台眼数的不同，一般为20～30段，分别称取每段重量（湿重），并随机抽取50克试验棉条测定棉条回潮率。根据测得的数据计算出各单机台平均干重，并与设计标准干重进行比较，计算出单机台重量差异，看其是否在允许的控制范围之内。

若熟条的定量超过了允许的控制范围，则进行调整。调整的方法是，调冠牙或轻重牙，改变牵伸倍数，使纺出熟条定量控制在允许范围之内。

在实际生产中，对每个品种每批纱（一昼夜的生产量作为一批）都要控制重量偏差。这不仅是因为重量偏差是棉纱质量的一项指标，而且还涉及每批纱的用棉量。重量偏差为正值时，表明生产的棉纱比要求粗，用棉量增多；反之，重量偏差为负值时，每批纱的用棉量较少。国家标准规定了中、细特纱的重量偏差范围是±2.5%，月度累计偏差为±0.5%以内。因此，纺出棉条干重的掌握既要考虑当时纺出细纱重量偏差的情况，又要考虑细纱累计重量偏差情况。如果纺出细纱重量偏差为正值，则棉条的干重应向偏轻掌握；反之，则应偏重掌握。细纱累计偏差为正值时，并条机的棉条纺出重量应偏轻掌握。

当原料或温湿度有变化时，常常引起粗纱机和细纱机牵伸效率的变化，导致细纱纺出干重的波动。如混合棉成分中纤维长度变长，细度变细或纤维整齐度较好及潮湿季节棉条的回潮率较大时，都会引起牵伸力增大，牵伸效率降低，导致细纱纺出重量偏差。这时，熟条干重宜偏轻掌握，反之宜偏重掌握。

棉条定量控制是保证棉纱质量的重要措施，但如熟条纺出干重波动大，齿轮变换频繁，细纱质量仍有不利影响。因此，熟条的干重差异最好稳定在允许范围之内，变换齿轮以少调整为宜。为此，必须控制好棉卷的定量和重量不匀率，统一梳棉机的落棉率，在并条机上执行好轻重条搭配和巡回换筒等工作，以减少熟条纺出干重的波动，提高细纱质量。

知识扩展：纱条不匀分析与控制的先进技术

1. 计算机专家分析系统

条干仪采用计算机技术以后，许多分析工作也可利用计算机辅助完成。条干仪的专家分析系统是利用计算机来分析波谱图上周期性不匀的产生原因，使条干仪向智能化推进了一步。其做法是将周期性不匀的计算分析方法编制成软件，将生产设备条件和工艺参数都设置在仪器内；根据测试结果，专家系统就能自动分析并将结果显示和打印出来，提示产生周期性不匀的可能原因及其所在的部位。此外，利用计算机的存储功能，还可将测试结果与统计值或设定值做对比，以评判产品的质量水平。现在国内外最新生产的条干仪都配置了专家分析系统，在原来的条干仪上也可再加装专家分析系统。

2. HVI 棉纤维大容量测试系统

为适应棉花逐包检验的要求，美国农业部于 20 世纪 70 年代提出开发 HVI 仪器，由美国思彬莱（SPINLAB）公司承担，1968 年第一套高容量测试系统诞生。USTER HVI 棉纤维大容量测试系统是乌斯特公司在原 HVI900A 系统的基础上进行软件升级，并完善其相关的检测功能。该仪器集光学、电子、机械技术与一体，高效、准确、实用等优点于一身，推广应用多年来，被评为最具可比性、权威性的棉纤维检测仪，专门用于原棉检验。它不仅可以在很短时间内（20～39s）一次性取样检测出棉纤维的长度、长度均匀度、强力、伸长、马克隆值、成熟度、含水、色泽、杂质等检测项目指标，而且在指导棉花的种植、生产、贸易以及工厂纺纱工艺等方面都发挥着举足轻重的作用。由于其检测性能良好，迅速成为世界上纺织工业强化质量管理的有效手段。它能有效控制和掌握原材料的质量，并根据国际贸易标准，快速给棉包样品进行分析和分等，因此它广泛应用于棉纺厂购买原料、棉纤维质量管理、纺纱工艺等。在世界棉花交易市场，它已成为衡量纤维质量的基准。随着世界棉花贸易的不断完善和发展，HVI 测试系列指标必将逐步替代传统检测项目作为检验、贸易的主要技术参数。

3. AFIS 先进的纤维信息系统

其也称为单纤维测试仪，是乌斯特公司开发的用于原料到半制品质量的检验仪器，能快速方便地测试原棉及半制品中纤维长度、成熟度、棉结、杂质、短纤维含量等指标，可以适

用于测试纯棉及棉与化学纤维等混纺产品。AFIS 检验与传统目光检验相比，测试效率高，没有人为因素的影响，测试结果的重复性、可比性好。利用测试结果的分析资料，可有助于优化原料的配用和纺纱的工艺设计，制订合理的设备维护计划，选用适当的机器配件。AFIS 测试仪有三个组合模块，NC 模块用于测量棉结与带籽棉结的数量和大小，L 和 M 模块用以测量试样中纤维长度的分布和成熟度，T 模块用以测量试样中杂质与微尘的数量和颗粒的大小，使用单位可根据自己的需要选配组合。

4. 并条机罗拉中心距离的在线自动调节

并条机上装有根据纤维长度分阶段进行罗拉中心距调节的机构，这种机构已向机械制造厂推荐应用，以适应特殊纤维的需要。它包括快速傅里叶转换器、转换超限定频率宽度的信息及应用逻辑原理的判断，对螺杆的动作发出指令的机构。每个控制动作的循环很迅速。并条机上的中后罗拉由电子控制的步进电动机传动，代替了齿轮传动。在传统纺织生产中，实验室对从车间取的样品进行测试，并根据试验结果不断地校正生产工艺条件。虽然现在已广泛应用电子计算机技术装备的试验仪器，如对生产总量的控制等，但这种在线测试技术仍然是滞后的。

在过去的 20 多年里，纺织机械生产率不断提高，引出速度大大增加，如转杯纺纱机产量大约 5 倍于一般环锭细纱机，而且还在不断地提高，并条机引出线速度由 180m/min 提高到 1000m/min，生产的高速度就要应用自动监控体系对每台机器的生产进行在线自动控制与调节，现以并条机为例来研究在线自动监控技术的实施一方面因为并条机，产量很高，供细纱机台数多，另一方面在并条机上进行自动监控，经济上比较合算。

并条机主要任务是完成数根棉条的并合及对并合的棉条进行牵伸。经过对棉条的并合，棉条在长度方向的差异可部分得到平衡或抵消；经过牵伸，纤维排列得到改进；牵伸后的棉条经卷条器进入棉条桶中，以供进一步加工。但往往在牵伸过程中会造成误差或不匀，这种误差即是并条机上产生的两种形式的棉条不匀，第一种不匀是由机械故障造成，如牵伸罗拉偏心或不圆，或牵伸罗拉及其传动部件，回转速度不均匀等都会使棉条产生周期性的误差或不匀形成机械波。第二种不匀是与纤维长度相关的牵伸工艺条不正确而造成。一般牵伸罗拉故障所造成的不匀比较普遍，如牵伸小罗拉由于严重绕花衣造成弯曲或上胶辊磨损或用错等。应用线性变量差别传感器（LVDTS）来测量上下罗拉之间的隔距研究并条机机械不匀，这项技术已应用于现代化并条机上（图 3-42）。

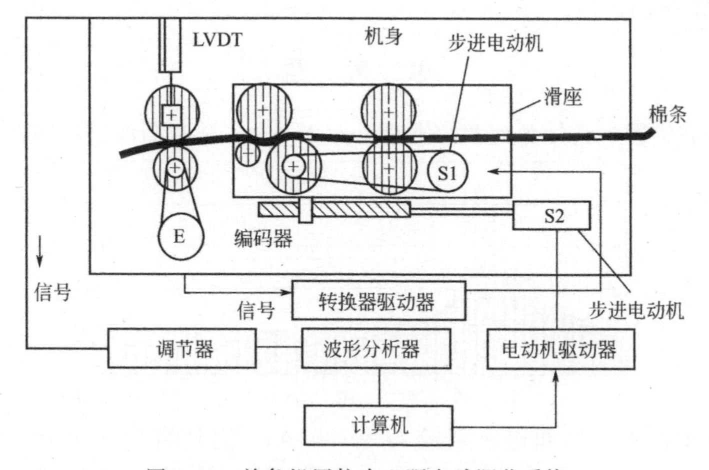

图 3-42　并条机罗拉中心距自动调节系统

第二种不匀与牵伸过程中的纤维长度和牵伸罗拉中心距之间的关系相关。这个相关是十分重要的因素，应用纤维长度（或称纤维分组长度）及罗拉中心距之间所保持的最佳相关水平，这种相关水平的比率称为中心距比率。在并条机中纤维排列包含纤维长度的变化，纤维在牵伸过程中不是单根的移动而是成束的运动，因此应用“纤维束长度”来说明，而不用普通的纤维长度的测试结果来说明纤维的长度情况，如2.5%跨越长度。

在并条机罗拉之间的钳口线上纤维在不同的位置，受到不同的控制，因此实际“中心距比率”要比理论上的纤维长度与罗拉几何尺寸复杂得多。它还涉及棉条的线性密度、被加工纤维的类别及在最佳罗拉中心距内的纤维的集束状态等。这些都会影响牵伸不匀的产生。此外，机械故障也会影响与纤维相关的误差或不匀，在牵伸体系中罗拉偏心造成周期性的不匀或叫罗拉机械波。因此，罗拉几何尺寸不可忽视，最佳罗拉中心距可减少产生牵伸不匀的机会。用测试棉条不匀来确定最佳罗拉中心距，要比测量纤维长度确定罗拉中心距好。

如何通过中心距的自动调节来减少牵伸不匀的问题，在正常情况下即是在长片段内名义上纤维长度保持不变。但在实际上不同的加工阶段，不论如何混合，沿棉条长度方向纤维长度的变化是存在的。这说明，在前纺各工序中尽管有许多并合作用发生，但仍然造成长短纤维的局部集中。按照这个观点，即使总体纤维连续变化，研究在机器运转时，改变罗拉中心距的方法以便保持纤维或纤维束与罗拉中心距的比处于最佳状态是有价值的。

在并条机的喇叭上装一个传感器，用从喇叭口上的传感器上测得的信号来控制罗拉中心距的调节，这是一种闭环信息反馈体系，测得棉条上增加的误差或不匀，经过调节罗拉中心距的调节来消除或减少。从喇叭口得到的信号更确切地说是从干扰源得来，正常的棉条通过喇叭口时，受压缩的棉条透气性的变化而产生逆反气流，形成干扰源。但这种微弱的信号不能满足要求，它比机械误差信号要弱得多，但应用LVDT体系在频段范围内发生的牵伸不匀大都在频带上显示出来。

在一个相当宽的波段内，可能包括由机械原因造成的误差或不匀很小的峰值，在曲线下的面积描述为误差能，由于曲线上的峰值很狭小，因此所描述的误差“能”是微小的。像全部误差能的百分比那样，周期部分是相应小的。经过滤频可获得一个与牵伸不匀相关的信号，应用这个信号可反馈过来校正牵伸误差或不匀。经过试验及对误差的分析，可选择频率的波段及其宽度，但这种方法可能避免许多周期峰值及聚积许多半随机的牵伸误差能。应用电子转换器驱动器来调节前区的机械牵伸率，电子转换器将改变的脉冲输入到步进电动机上，控制步进电动机的运行。

思 考 题

1. 分析细纱波谱图，已知各列罗拉直径 $D=25$mm，试判断波谱庇病产生的原因？

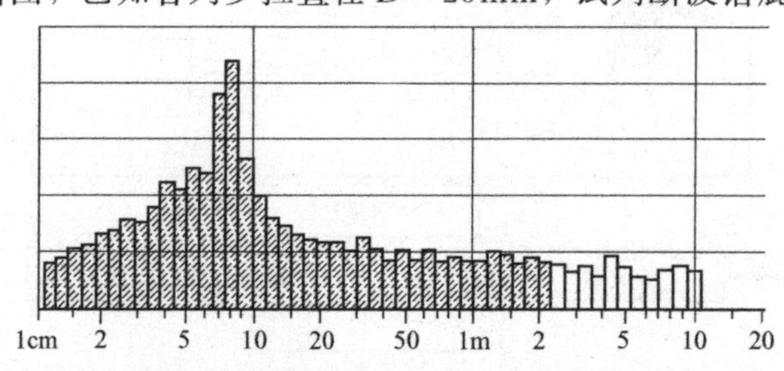

2. 分析生条波谱图，已知道夫直径 $D=706$mm，锡林直径 $D=1290$mm，刺辊直径 $D=250$mm，道夫至小压辊之间牵伸倍数 $E=1.4$，试判断波谱庇病产生的原因？

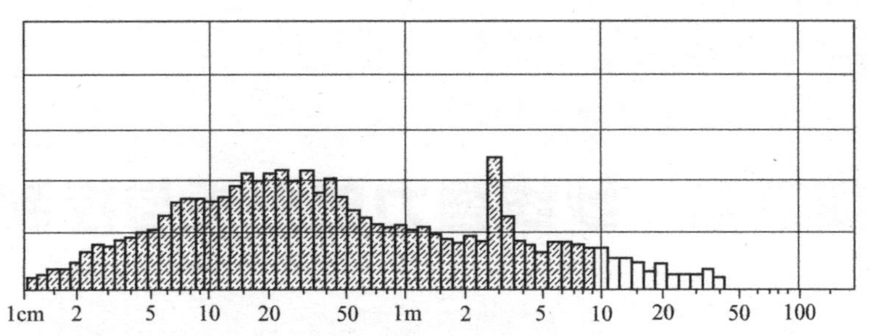

3. 用 Y311 型条粗条干均匀度试验仪测试粗纱得一条干曲线，判断不匀是哪个部件问题？记录纸为公制，粗纱机牵伸参数 $D_{前}=D_{中}=D_{后}=29\text{mm}$，$E_{后}=2$，$E_{前}=5$。

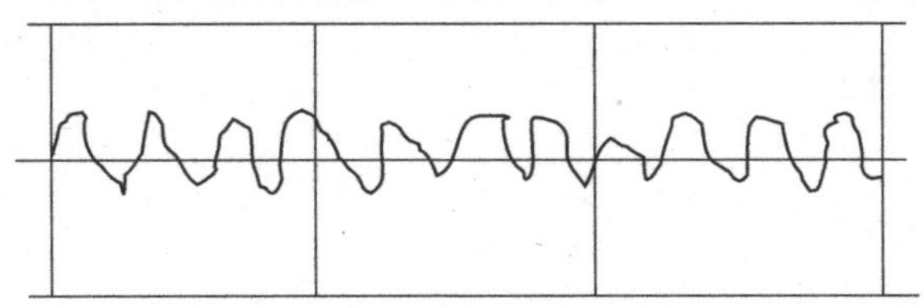

4. 已知普梳棉纱波谱图，分析产生疵病的部位，细纱机牵伸参数 $E_{后}=1.1$，$E_{前}=24$，$D_{前}=D_{中}=D_{后}=25\text{mm}$。

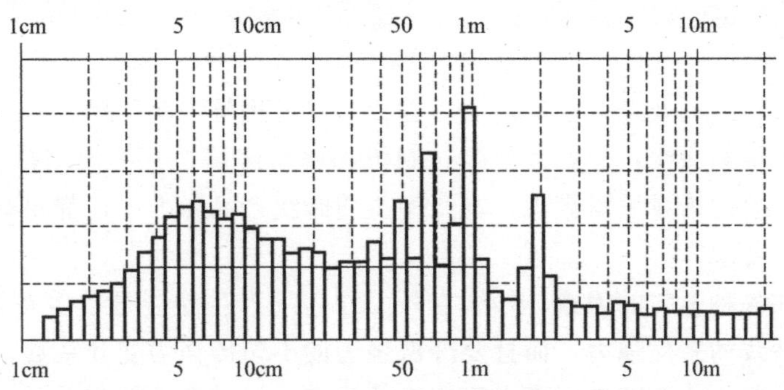

5. 已知普梳棉纱波谱图，在 1.5m 和 11m 处有牵伸波，试判断产生牵伸波的原因？粗纱机参数 $E_{后}=1.1$，$E_{前}=7$，细纱机参数 $E_{后}=1.1$，$E_{前}=24$。

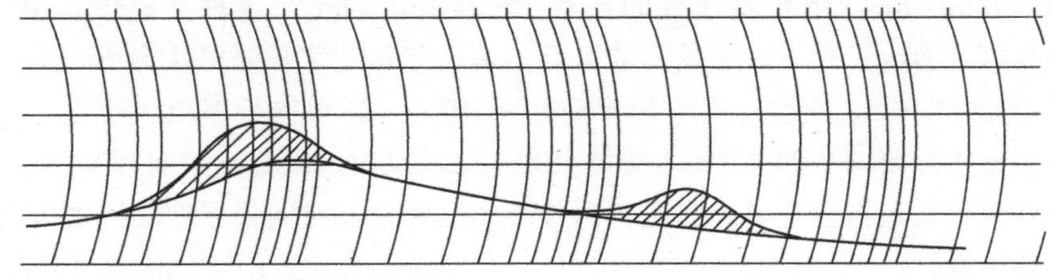

6. 提高成纱条干均匀度有哪些措施？

第四章　纱线强力的分析与控制

本章知识点

1. 强力测试方法。
2. 纱线强力的指标。
3. 纱线拉伸断裂机理。
4. 纱线强力构成。
5. 影响成纱强力的因素。

第一节　概述

纱线在加工成纺织品及以后的使用中，都要承受各种外力的作用。若纱线的强力高，则后加工、织造过程中断头少，生产效率高，制成品坚牢度好，它的使用价值也就高。因此，强力大小是纱线主要的内在质量表现，在我国主要纱线产品标准中，都将有关强力的指标列入产品定等的技术要求。

由于纱线存在各种不匀的因素，纱线在外力作用下产生断裂是发生在最薄弱环节上的。所以不仅要提高纱线的平均强力，而且要降低强力的不匀即强力变异系数，才能有效地降低纱线在后加工中的断头，并减少因断头而产生的疵点，提高产品的质量。

随着无梭织机速度不断提高，织机对原纱质量的要求也越来越高，特别是喷气织机，引纬率已达到 3000m/min，织机转速有的高达 1800r/min 以上，这种高速织机由于速度快，开口小，经纬纱张力大，对原纱质量要求更高。瑞士苏尔寿鲁蒂公司认为 14.6tex 精梳纱断裂强度应大于 18cN/tex，断裂强度不匀率应小于 10%，断裂伸长率应大于 5%，喷气织机用纱的断裂强度指标要求达到 2007 乌斯特公报的 5%以内。实际生产证明，原纱抗拉强力指标的最低强力比其他指标重要。因此，国外纺织品贸易商在购买原纱时特别指出要考核原纱最低强力的指标。

大容量抗拉实验可以检测出强力弱环，原纱实验长度 1m，则大容量实验用纱量 22 万米。假设在 190 喷气织机上织造幅宽 160cm 的织物，则抗拉实验中出现 5 次强力弱环使织机出现 10 次停台/10 万纬，比国内外喷气织机控制的断头停台数 3～4 次/10 万纬要高2.5～3 倍多，可见大容量强力测试仪对原纱强力测试的重要性。在喷气织机织造时，当强力弱环的强力为 4cN/tex 及以下时，原纱不可避免地发生断裂，同样当伸长率等于或小于 2%，原纱也必定会发生断裂。

GB/T 398—2008 标准采用纱线断裂强力变异系数和纱线断裂强度作为纱线评等的技术指标。单纱断裂强力不匀是影响后道加工的关键，是纱线内在质量的一个重要指标。由于纱线强力不匀是原料成分混和不匀、条干不匀、线密度不匀、加捻不匀等诸多不匀的综合反映，因此，单纱强力 CV 值更能反映纱线实际内在质量，体现织造对纱线的要求。

一、 纱线强力的测试方法及指标

（一）强力测试方法

拉断一根单纱所需的力，叫单纱强力，单位用厘牛（cN）表示。目前测试单纱强力的仪器，多用摆锤式单纱强力仪或自动单纱强力仪，需在恒温、恒湿（温度20℃±3℃，相对湿度65%±3%）条件下进行，试验数据不宜少于50个，以保证试验结果的可比性和正确性。单纱强力测试原理主要有等速拉伸、等加负荷型和等速伸长型。若采用自动单纱强力仪（属于等速伸长型），每批试样取20只管纱，每管试5次，共试100次。测试前需要先设定夹持长度、预加张力、拉伸速度等基本参数，试验结束后，一般应将样纱称重（不少于50g），测试其回潮率，供计算修正强力用。如调湿后在标准恒温恒湿条件下测试，则断裂强度不需要进行修正。现在的自动单纱强力仪可直接输出断裂强力、断裂强度、伸长率、初始模量、断裂时间、断裂功，还可以打印拉伸曲线，以便对纱线力学特性进行分析。

（二）表示纱线强力的指标

1. 绝对强力

绝对强力是指纱线受外力直接拉伸到断裂时所需的力，也叫断裂强力。单位是牛顿（N）或厘牛（cN）。

2. 相对强力

纱线强力的大小不仅与纱线中纤维性能有关，而且与试样的状态，特别是与纱线的粗细有着密切的关系。为了便于不同特数（支数）纱线之间进行强度方面的比较，可将绝对强力折算为相对强力。

（1）单纱断裂强度。

$$\text{平均断裂强力(cN)}=\frac{\text{断裂强力总和}}{\text{试验次数}} \tag{4-1}$$

$$\text{修正断裂强力(cN)}=\text{平均断裂强力}\times\text{强力修正系数} \tag{4-2}$$

$$\text{平均断裂强度(cN/tex)}=\frac{\text{修正断裂强力}}{\text{平均纱特(tex)}} \tag{4-3}$$

（2）单纱断裂强力变异系数。

$$\text{单纱断裂强力变异系数}=\frac{S}{\overline{X}}\times 100\% \tag{4-4}$$

式中 S——单纱断裂强力标准差（即均方差）；

$\overline{X}$——平均断裂强力。

（3）断裂长度。

一定长度的纱线，其重量可将自身拉断，该长度即为断裂长度（km）。

$$\text{断裂长度}=\text{断裂强力}\times\text{纱线支数}/1000$$

二、 纱线拉伸断裂机理和纱线强力构成

当单纱受到拉伸时，纤维本身的皱曲减少，伸直度提高。这时纱线截面开始收缩，增加了单纱中层和外层纤维对内层纤维的压力。环锭纱任一小段都是外层纤维的圆柱螺旋线长、内层纤维圆柱螺旋线短，中心纤维呈“直线”。因而外层纤维伸长多，张力大；内层纤维伸

长少，张力小；中心纤维可能并未伸长，仍处原状态。所以各层纤维的受力是不均匀的。又由于细纱外层纤维螺旋角大，内层纤维螺旋角小，因而纤维张力在纱线轴向的有效分力，外层小于内层，所以细纱在拉断时，最容易断裂的是最外层的纤维。这是初始阶段的伸长变形情况。

短纤维纺成的细纱，任一截面所握持的纤维，沿纱轴方向的伸出长度都有一个分布。这些纤维中，向两端轴向伸出的较长纤维被纱中两端其他纤维抱合和握持，纤维间的摩擦力大于纤维断裂强力，拉伸中这些纤维在此截面上只会被拉断，不会滑脱。但沿此截面向两端轴向伸出的较短纤维，由于纤维间摩擦力小于纤维断裂强力，因此，这些纤维将被从纱中抽拔出来而不被拉断，称为滑脱纤维。当纤维间的摩擦力恰好等于纤维的断裂强力时，此时纤维之间的接触长度，称为滑脱长度，用L_c表示。各种原料纤维性能不同，其滑脱长度也不一样，细绒棉为8mm，长绒棉为10mm，羊毛为15mm，苎麻为20mm。

在单纱继续受拉伸的过程中，单纱外层纤维中小于$2L_c$的短纤维被抽拔滑脱，大于$2L_c$的长纤维受到最紧张的拉伸。当这些纤维受力达到拉断强度时，将逐步断裂。外层纤维断裂后，单纱中承受外力的纤维根数减少，细纱上的总拉伸力将由较少的纤维根数分担，纱中由外向内的第二层纤维的张力猛增。又由于外层纤维滑脱和断裂后，解除了对内层纤维的抱合压力，内层纤维间的抱合力和摩擦力迅速减小，造成更多纤维滑脱。未滑脱的纤维随之将更快地增大张力，因而被拉断，如此直至单纱完全解体。这样被拉断的细纱，由于有大量纤维滑脱而抽拔出来，其断口极不整齐，呈松散的毛笔头状。

由纱线拉伸断裂机理可知，纱线的强力是由两部分组成的，一部分是断裂纤维的强力之和，一部分是滑脱纤维的滑动摩擦力之和，即

$$P=Q+F \tag{4-5}$$

式中 P——单纱强力；

Q——全部断裂纤维所构成的部分强力；

F——全部滑脱纤维所构成的部分强力。

从式(4-5) 可以看出，要提高纱线强力，首先要选用单纤维强力高的纤维原料。对于某一原料的纱线来说，应该设法提高Q，减小F，即增加纱线断裂时的断裂纤维根数，减少断裂时的滑脱纤维根数，也就是提高纤维断裂强力的利用系数。

要减少滑脱纤维数量，可从两方面着手，一是选用较长的纤维，使纤维长度$L>2L_c$；二是提高纱线中纤维间的抱合力和摩擦力，这可从增加纱线捻度，提高纱线中的纤维伸直度，选用细度细的纤维以增加纤维间的接触面积来实现。

第二节　提高纱线强力、降低强力不匀率的措施

纱线产品的强力和伸长率与纺纱所采用的原料及纺纱工艺、设备状态、操作管理等都有直接的关系。控制和提高纱线产品的强力必须从原料开始贯穿于整个纺纱过程，或者说通过纱线强力测试的信息，采取措施，也是优化工艺、完善设备管理的过程。

一、纤维材料特性对纱线强力的影响

纤维各种主要特性对成纱强力的影响程度是不同的，而且纺纱工艺条件不同，其影响程

度的大小也不尽相同。例如，纤维的长度对环锭纱强力的影响比较显著，因为环锭纱内纤维的排列比较平直，纤维长则相互间搭接就比较长，相互间滑移的摩擦阻力大，体现出纱的强力好。而相对来说，转杯纺纱的纤维伸直度差，而且有扭结，所以长度发挥的作用就比较小，而纤维自身强度显示的作用较大。总之，纤维的马克隆值、纤维断裂强力、纤维长度和长度整齐度等，是影响纱线强力的主要因素。尘屑、棉结等对转杯纺纱的强力与伸长率影响比较直接。成纱强力与纤维各项性能的关系如图 4-1 所示。

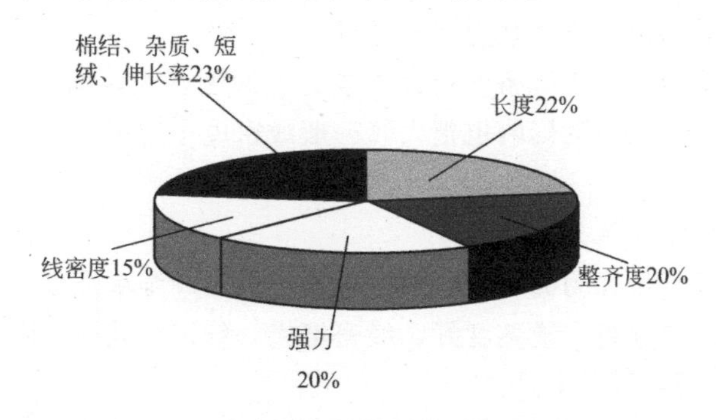

图 4-1　成纱强力与纤维各项性能的关系

（一）纤维长度指标对成纱强力的影响

纤维长度相关的指标有平均长度、长度整齐度、短绒率等，这些指标对成纱强力影响较大。同产地、同时期、同品种纤维长度及整齐度与成纱强力的关系见表 4-1。

表 4-1　同产地、同时期、同品种纤维长度及整齐度与成纱强力的关系

长度(mm)	27	29	31	33	35	37
整齐度(HVI 模式)	85.8	86.9	87.9	88.5	89.2	89.9
强度(cN/tex)	16.3	17.5	17.9	20.5	21.1	21.6
强力 *CV* 值(%)	7.13	6.83	6.69	10.27	8.79	8.63

注：27～31mm 纤维纺 CJ 14.6tex；33～37mm 纤维纺 CJ 7.3tex。

一般纤维长度愈长，由于纱线断裂时滑脱纤维数量的减少，成纱的强力愈高。当纤维长度比较短时，长度的增加对成纱强力的提高比较显著；当纤维长度足够长时，长度对强力的影响就不很明显。因此，应根据纱线强力的不同要求、质量、成本综合考虑，选用最适合的纤维长度。

从表 4-1 可知，原棉在相同成熟度条件和地理环境下，纤维长度愈长，纤维整齐度愈好，成纱强度愈高，强力 *CV* 值愈小。

当纤维长度 $L<2L_c$ 时，这些纤维在纱线断裂时都成为滑脱纤维，而且短纤维(<16mm)本身不但在长度上小于滑脱长度的 2 倍，同时由于其长度短，在罗拉牵伸中不易控制，因而造成成纱条干及其各种不匀增加，同样会对强力不利。据统计，棉纤维中短纤维率平均增加 1%，成纱强度下降 1%～1.2%。因此，配棉时不仅要选用合理的纤维长度，而且要控制短纤维率，细特纱为 9%～10%，中特纱为 13%～14%。

（二）纤维线密度对成纱强力的影响

纤维越细，则相同线密度的纱条所含有的纤维根数就越多，对成纱强力和条干有利。线密度小的纤维一般较柔软，在加捻过程中内外转移的机会增加，各根纤维受力比较均匀，且在纱中互相抱合较紧贴，增加了纤维间的接触面积，从而提高了纤维间的抱合力和摩擦力，滑脱长度可能缩短。由于上述原因，纱线在拉伸断裂时，滑脱纤维数量减少（即提高了纤维的强力利用系数），成纱强力提高。理论计算，纤维线密度在1.7～2.1dtex（4800～6000公支）的范围内，每增加0.035dtex（100公支），则10tex经纱的强力增加2.7%。但对于棉纤维来说，纤维成熟度与细度关系密切，相同品种的棉纤维，如成熟度差，则细度细、强力低。因此，棉纤维对成纱强力的影响，必须考虑细度和成熟度。通常采用马克隆值评价纤维的细度，用成熟度比表示棉纤维的成熟度。成熟度差的棉纤维虽然线密度小，因其单纤维强力低，使用这种纤维纺纱时，成纱强力反而降低。

另外对于细特纱来说，纤维线密度对成纱强力的影响甚大，而对粗特纱的影响不明显。纤维线密度不匀率对成纱强力的影响也很大，一般线密度不匀率高，成纱强力下降，这一点在配棉时也应予以重视。

(三）纤维单强对成纱强力的影响

其他条件相同，单纤维强力高，成纱强力也高。但当纤维单强增加到一定限度时，由于纤维线密度增大（纤维单强高，成熟度好，线密度大，纤维柔软性下降，且纱条截面内纤维根数减少），成纱强力不再显著上升。

单纤维强度特别差时，在纺纱过程中纤维容易折断，增加短纤维，恶化成纱条干均匀度，从而使成纱强力降低。

成纱强力很大程度上取决于纤维的线密度，因此纺纱生产多以棉纤维的断裂长度（纤维的断裂强力与纤维特数的乘积）来比较不同线密度的纤维强力。当纤维的断裂长度大时，必然是纤维的线密度小或单强高，因此成纱强力就越好。

在实际生产中，原料的价值占生产成本很大的比例，因此必须兼顾产品质量与成本这两方面的因素，合理选用原料。

二、纱线质量对成纱断裂强力的影响

(一）纱线条干均匀度对成纱断裂强力的影响

一般讲，纱线的条干均匀度好，则纱线的断裂强度就高。当纱线的条干均匀度在正常水平，其断裂强度受所用原料的断裂强度影响比较明显，即纤维的断裂强度较高，则纺成的纱断裂强度也较高。但当条干均匀度恶化时，则纱线的断裂强力受条干水平的影响比较明显，即使所用纤维的断裂强力较高，而成纱的断裂强力仍会变差。

纱线条干存在粗节与细节，影响捻度分布的不匀，捻度会向细节处集中，因而也产生粗节处为少捻的强力弱环，这是短纤维纱的一般情况。但进一步分析的结果显示，对于棉型短纤维纱这种现象比较明显。而对毛型短纤维纱，其粗节和细节长度较长，直径变化比较平缓，因而捻度向细节处集中的现象就不明显，加之纤维越长，纱条内纤维之间搭接的长度也长，因此粗细节之间的捻度差异比较小，但细节处截面内纤维根数较少，所以弱环多产生在细节处。这是所用纤维原料不同，纱线断裂点位置也不一样的原因。

根据实测结果发现短片段条干不匀对成纱断裂强度和断裂强力变异系数的影响比较明显，长片段的条干不匀对断裂强力的影响不明显，而对断裂强力变异系数影响相对比较明显。成纱条干均匀度好，细纱单强 *CV* 值就会下降。通过大量实验得出，其相关系数在0.7以上，是高相关。如13tex涤/棉纱的条干 *CV* 值在16.5%以下，单强 *CV* 值才有可能稳定在12%的水平；145tex纯棉精梳纱的条干 *CV* 值在15.0%以下，单强 *CV* 值才有可能稳定在10%水平。

（二）百米重量不匀率对成纱断裂强力的影响

细纱百米重量不匀率是造成管纱之间强力不匀的重要因素。一般细纱重量不匀率必须稳定在2%以内，才能避免突发性的强力CV值超过标准（清棉棉卷不匀率应做到1%以内，精梳条短纤维率在10%以内，注意并合根数是否正确，控制粗纱大小纱张力均在1.5%以内，防止粗细纱的飘头和粘连）。有时单强CV值高，而百米重量不匀率并无表现，这是由于出现"突发强力"的纱段，往往只有半米左右。这就要求在降低细纱长片段不匀的同时，也要降低半米左右的片段不匀。

（三）减少人为和设备所造成的粗节、细节、棉结

纯棉纱易在细节和大棉结地方断头，涤/棉混纺纱易在粗节或粗细节拐点的地方断头。从试验和分析得知，这些地方是应力集中点。纯棉纱大棉结是梳不开的纤维，涤/棉纱粗节处的棉纤维大于混纺比规定。纱的粗节导致捻度分布不匀，粗的地方捻度小，相对强力偏低，在拉伸时，捻度的传递远慢于拉伸速度，在传递的捻度尚未到达粗节处就被拉断。这就是大棉结和粗节之所以成为成纱强力的薄弱环节和发生断头的原因。为此，要求在操作上严格执行操作法并注意把关捉疵。

（四）纱线捻度对成纱断裂强力的影响

在一定范围内，纱线的捻度增加，则断裂强力与断裂伸长率均增大。继续增加捻度，则断裂强力达到一定值后逐渐下降，此临界值称为临界捻度。不同线密度的纱线有不同的临界捻度值，其相应的捻系数称临界捻系数。

捻度与纱线强力的关系如图4-2所示。这说明捻度对细纱强力的影响也是一分为二的。有利的一面是随着捻度的增加，纤维间摩擦阻力增加，使纱条在断裂过程中增加了滑脱纤维的滑脱阻力，增加了断裂纤维的根数，即在$P=Q+F$的公式中，因Q和F的增大，而使P值增大；不利的一面是随着捻度的增加，纤维的捻回角也增加，使纤维强力在纱条轴向承受的有效分力降低。捻度过大会增大纱条内外纤维应力分布不匀，加剧纤维断裂的不同时性，Q值大大地降低，使细纱强力下降。在临界捻度以前，有利因素占主导地位；临界捻度以后，不利因素转变为主导地位。

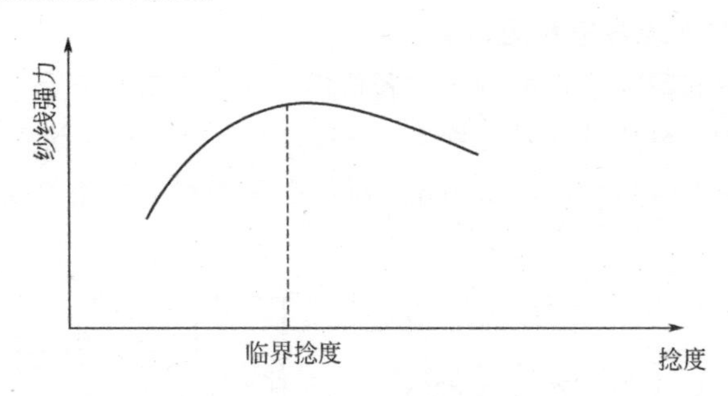

图4-2　捻度与纱线强力的关系

一般情况下，生产中所选用的捻系数均应小于临界捻系数。适当加大捻系数，对提高强力是有利的，但较大的捻系数，必然导致细纱机生产率的下降。所以，在保证细纱强力符合要求的前提下，应选用较小的捻系数，以提高细纱设备生产率。锭带张力的大小是影响锭速差异和不稳定的直接因素，选用合格适当的锭带及其接头方式，调节好锭带张力盘，保证锭速稳定，减小锭间捻度不匀，是降低成纱强力不匀的基础。

捻度变异系数对单强CV值有明显的影响，即使条干均匀度比较好，若捻度变异系数

大，单强 CV 值也大。合股线强力与捻度变化的关系也遵循图 4-2 的规律，合股线的断裂强度变异系数 CV 与单纱断裂强度变异系数 CV_1 的关系如下：

$$CV=\frac{CV_1}{\sqrt{n}} \tag{4-6}$$

三、均匀混合对成纱强力的影响

增强纺纱流程的混和作用，力求使各原料成分在纱线的轴向和径向分布均匀，使纱线在拉伸过程中每根纤维受力均匀。要从开清棉的棉箱容量、多仓混棉的使用等考虑，增强清棉工序混和效果；提高梳棉机的梳理度，增加单纤维的混和；精梳、并条、粗纱工序应适当增加并合数，使原料成分在进入细纱之前得到充分混合。

1. 增强开清棉工序的混和效果

(1) 按棉包排列图上包。圆盘抓棉机的棉包排列原则是轴向错开，周向分散（图 4-3)。往复式抓棉机棉包排列原则为横向叉开、纵向分散。

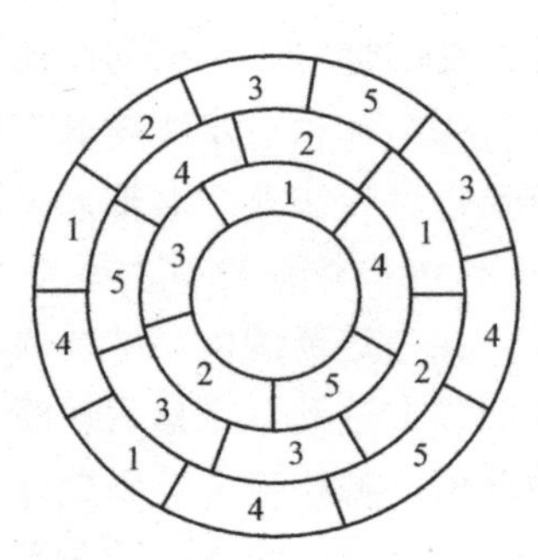

图 4-3 圆盘棉包排列图

(2) 增大棉箱机械容量，抓棉机勤抓少抓，提高各单机运转效率。

2. 提高梳棉机的梳理作用，实现单纤维充分混合

梳棉机的强分梳可使纤维呈现单根状态，为单纤维的混合奠定基础。对锡林—盖板、锡林—道夫、给棉板—刺辊这些部位的主要分梳隔距以偏小为宜。隔距小可增强分梳，有利于减少结杂，而纤维在大隔距间则因相互揉搓而产生大量棉结。锡林、盖板、道夫、刺辊针布宜选用分梳效果好的新型针布。针布的平整度是小隔距的基本条件，针齿的锋利度是提高分梳效能的有效保证，因此，针布的包卷和磨砺质量也十分重要。增加预分梳元件，如锡林刺辊间的预梳辊、前后罩板处的固定盖板；除尘刀和小漏底入口处的分梳板等，也是增强分梳、减少结杂的有效措施。

3. 增加并条并合数实现各原料均匀混合

并条采用全搭配方式喂入全搭配方式，若梳棉工序一个品种开台数为 8 台，每台梳棉机的条筒编一个筒号（即 8 台位的筒号分别为 1～8)，8 个台位的 8 筒生条刚好对应于并条机上 8 个棉条喂入眼，称为全搭配法，如图 4-4 所示。头并和二并条筒搭配采用图 4-5 所示的方式。

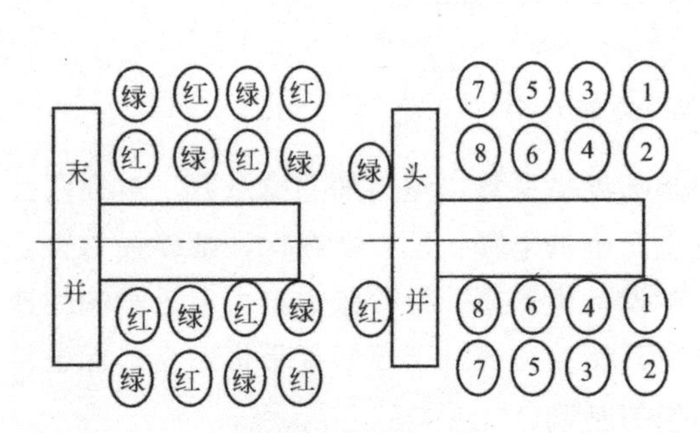

图 4-4 全搭配方式

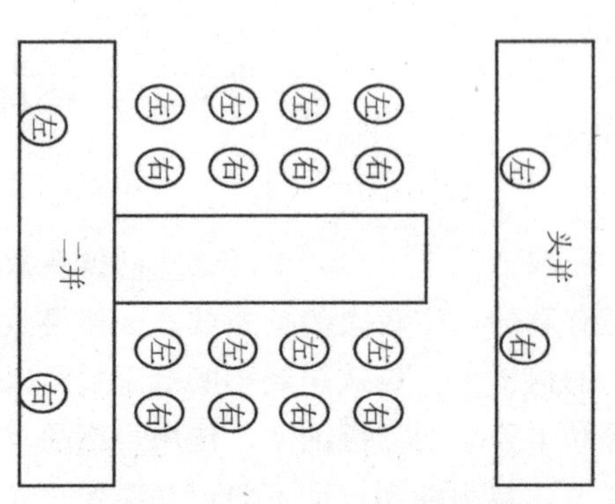

图 4-5 头并和二并条筒搭配

4. 避免临界混纺比

任何混纺纱的强度总比混纺纱中强度大的那种纤维的纯纺纱低，但却不一定比强度小的那种纤维的纯纺纱高；当两种纤维的伸长差异 $\Delta\varepsilon \geqslant 5$ 时，混纺纱的强度曲线（随混纺比变化的强度曲线）出现下凹点，因此从纱线强度考虑，当伸长差异大的纤维混纺时，应选择合适的，即能避开强度曲线下凹点对应的混纺比［计算机辅助处理得到棉/涤（普通型）混纺纱强度曲线下凹点对应的混纺比为棉 61.19/涤 38.81；棉/涤（低强高伸型）混纺纱强度曲线下凹点对应的混纺比为棉 55.17/涤 44.83；棉/涤（高强低伸型）混纺纱的强度曲线无下凹点，因此其最低强度对应的混纺比为棉 100/涤 0］。强度曲线下凹点对应的混纺比即是高强度纤维的最低混纺比。为了充分利用混纺纱中高强度纤维的强力，设计混纺比时，必须高于高强度纤维的最低混纺比。

一般讲，化学纤维的断裂强度及伸长率比相同细度的天然纤维高。因此，天然纤维与化学纤维混纺纱的强力与伸长率均有提高。这与化学纤维的成分含量有关，通常化学纤维含量较低时，其增强的作用不易显现。一般含量要达到 40%以上时，化学纤维的特性才能明显地影响成纱的特性，使强力与伸长率较明显提高。但它们之间并不呈简单的线性关系。

另外，控制和稳定混纺比，不仅应考虑混纺比的平均值，更应控制各段纱内混纺比与设计混纺比的差异。一般设计混纺比控制在±1.5%范围内。

四、前纺工艺、设备状态、半制品质量对成纱强力的影响

清棉工序应合理选择工艺参数，提高各机的开松效率，充分排除大杂和有害疵点；合理减少打击点或以梳代打，减少对原棉的猛烈打击，以防损伤纤维和打断纤维，损失纤维的原有强力。

梳棉工序要充分发挥梳理作用，排除短纤维和结杂，减少产生新棉结的机会，并减少对纤维的损伤。应选用新型针布和加强“四快一准”的基础工作；设计好刺辊、锡林速度，刺辊部分工艺。梳棉机的分梳机件主要是刺辊、锡林，增加其速度可提高分梳度和减少结杂，但速度过高易损伤纤维。也可通过选用不同规格齿型和齿密的针布来提高分梳效果。锡林与盖板区可采用“紧隔距、强分梳”的工艺原则，以达到加强分梳、充分排除结杂与短纤维的效果，利于成纱强力的提高。良好的漏底状态，合理的刺辊速度、给棉板形状与工作面长度，适当放大小漏底第四点隔距和大漏底出口隔距，可减少短纤维的产生和加强对短纤维的排除。对要求高的产品应采用精梳系统，以充分排除一定长度以下的短纤维和结杂。不同生条短纤维率对成纱强力的影响见表 4-2。

表 4-2 不同生条短纤维率对成纱强力的影响

生条短纤维率(%)	25.4	20	17.7	14.5
成纱断裂强度(cN/tex)	11.2	12.4	12.8	13.3
强力变异系数(%)	14.3	11.9	10.5	9.7
细纱断头率[根/(千锭·h)]	40	31	27	25

从表 4-2 可以看出，随着生条短纤维率的增加，成纱强度下降，强力变异系数和细纱断头率增加。

并条工序应降低末并棉条重量不匀率和改善末并棉条条干均匀度，以有效地降低粗纱和细纱的重量不匀率，进而提高成纱强度和降低强力 *CV* 值。并条机采用自调匀整，对降低成

纱单强 CV 值有显著效果。如某厂在纺 J14.5tex 纱的流程内采用瑞士立达公司生产的 RSB 型附自调匀整（图 4-6）的并条机后，细纱重量 CV 值由 2.3%降为 1.2%，这时成纱单强 CV 值由原无匀整并条机时的 9.8%下降到 8.5%。

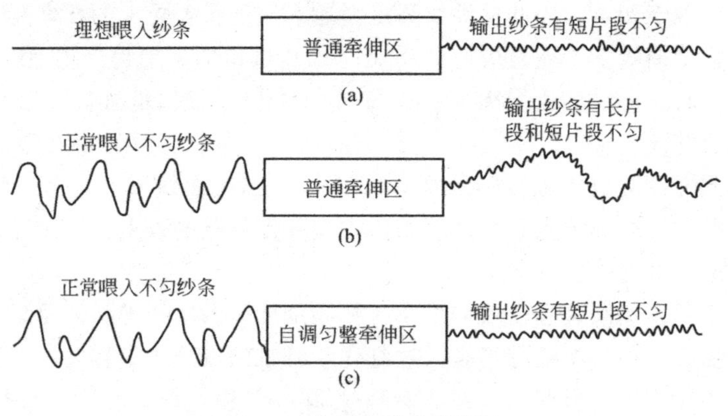

图 4-6　自调匀整的效果图

粗纱工序应适当提高其温湿度，使粗纱回潮率掌握在 7%左右。回潮率大时，棉纤维强力有所增加，并利于牵伸后纤维内应力的消失，使纤维保持伸直平行状态，有利于细纱条干均匀度的提高，从而降低成纱单强 CV 值。但回潮率过高会因生产中缠胶辊、缠罗拉现象而使产品质量下降。

粗纱工序的重点应为改善短片段重量不匀。试验表明，棉纱单强 CV 值与粗纱 5m 片段重量 CV 值的相关系数 $r=0.8167$，在 99%置信度下，两者呈强相关。单纱强力随粗纱短片段不匀率的增加而降低，而粗纱的周期性不匀使细纱强力的降低更为明显。这说明改善粗纱短片段不匀，对降低细纱单强 CV 值、提高单纱强力有着重要的意义。因此，在实际生产中应严格控制末并重量，降低台差、眼差，减少因棉条重量差异形成的粗纱卷绕伸长锭差，合理控制粗纱伸长率，并加强胶辊、胶圈、摇架及牵伸传动系统的检修和保养。

加强基础管理工作，减少强力弱环的产生。如末并自停装置失灵或反应迟钝，将造成细条清除不彻底；粗纱机后条子因粘连而撕损，集合器跑偏挂花；粗纱机开关车防细节装置失灵等情况均可产生强力弱环，生产中应严加防范。

五、车间温湿度管理对成纱强力的影响

温湿度调节不当或不稳定，将会引起粗纱和细纱回潮率不稳定，从而影响成纱强力并增加断头。因为棉纤维吸湿后横断面膨胀，延伸性增加，纤维柔软，黏附性和摩擦系数增加，纤维容易被牵伸机构控制，致使纱条均匀，纤维平行伸直度提高，从而增加纤维间的抱合力和摩擦力，这是棉纱强力提高的主要因素。另外，由于棉纤维在回潮率增大时，绝缘性能下降，介电系数上升，纤维的电阻值下降，有利于消除纤维在纺纱过程中因摩擦而引起的静电排斥现象，从而增加纤维间的抱合力。所以，在纱条回潮率适当偏高的情况下进行纺纱，不但能提高棉纱的强力，而且能改善细纱条干和外观。如果回潮率太大，棉纤维会因温度高、湿度大而使棉蜡融化，须条易缠胶辊和罗拉，增加纺纱中的断头，同样会使强力下降。当细纱纺出回潮率在 7.2%以上时，纱条丰满、光滑、圆润、毛羽少、光泽较好；当回潮率在 6%以下时，纱条成形松散、毛羽增多、光泽差、成纱强力也低。因此，在适当提高粗纱回潮率条件下，应使细纱车间的温湿度能保证在加工纱条处于放湿状态。

一般细纱回潮率要求在6%以上，车间温度以26～30℃、相对湿度在55%～60%（或65%）为宜。同时，应使车间各个区域的温湿度分布均匀，做到车间温湿度适宜而稳定。

知识扩展：动态强力和静态强力

现在普遍采用的纱线强力仪测试的数据都是属于静态测试的结果，人们考虑到实际纱线在后加工过程中是在动态条件下受拉伸，因此就想研究在动态条件下受外力作用时，纱线的强力与伸长率情况是否有所不同。利用美国Lawson-Hemphill公司的CTT型动态测试仪可以进行纱线动态性能的测试。该仪器的基本部分包括输入罗拉、输出罗拉与张力敏感器件。输出罗拉以恒定的速度运行，而输入罗拉的速度随设定的张力而维持在某个水平上，即靠输入或输出罗拉的线速度差，使运行中的纱线张力保持在一定水平上。可以通过逐步增加设定的张力，直至发生断裂，此时设定的张力值就表示被测纱线的动态断裂强力。根据输入与输出罗拉线速度差可以算出断裂伸长率。经大量的测试发现试样在动态条件下断裂强力与断裂伸长率均比静态下的低。

据报道，从国内30个纱厂取样，对14.5tex纯棉针织纱做测试（动态条件100m/min，初张力1cN/tex）对比的结果，动态断裂强力比静态断裂强力降低20%～30%，这方面的研究与经验积累尚在进一步深化。但以上实测的数据说明，对确定产品的断裂强力和伸长率要考虑这个因素，使其在动态条件下，仍有足够的强力与伸长率，以保证在日益高速化的后加工中，能达到高生产效率。

为了真实反映原纱强力弱环的数量，瑞士乌斯特公司开发研制成功USTER TENSOJET-4高速强力机。这种高容量单纱强力机，最大试验速度为400m/min，1h可进行30000次单纱强力试验，比目前普通试验仪试验速度快速238倍。国外早已把USTER TENSOJET-4高速强力机为考核原纱质量，把好原纱质量关口，提高织机效率的重要手段。

经过长期生产试验，表明有61.03%的断裂点是发生在细节处。但有些细节并不发生断裂，说明断裂点不一定都发生在细节处，即断裂点与细节并不完全吻合。约有39%的断裂点发生在弱捻、粗节、结头等处。转杯纺纱有57%的断裂点是发生在细节处。

思　考　题

1. 根据纱线用途简述强力要求。
2. 纺纱过程中如何提高纱线强力？
3. 10万米纱线的强力弱环有什么意义？

第五章　棉结杂质和白星的分析与控制

本章知识点

1. 棉结杂质的影响。
2. 减少棉结杂质的意义。
3. 棉结杂质的定义和分类。
4. 棉结杂质的测试方法。
5. 减少棉结杂质的技术措施和方法。
6. 减少白星的技术措施和方法。

棉纱线质量是纺织企业生存发展的生命线。目前，在我国纱线供大于求的激烈的市场竞争中，纱线质量更是一个企业生死存亡的关键。棉结杂质是纱线质量控制中的重要指标之一，它直接影响纱线质量和织物外观质量及生产效率。控制和减少纱线的棉结杂质是一个系统工程，它涉及原料选配、设备状态、工艺参数、车间温湿度控制和运转操作等。

第一节　棉结杂质概述

一、棉结杂质对纱线和布面质量的影响

棉结杂质的粒数是评定棉纱品级的主要内容之一。棉结杂质不仅是影响成纱品级和织物外观质量的一个重要因素，也影响染整加工后的布面和色泽，而且会破坏半制品的内在结构(图 5-1～图 5-3)。由于生条以后的结杂大部分是带纤维、附毛茸的细小结杂，它们会在牵伸过程中转化为分裂，干扰周围纤维的运动，并和周围纤维集聚而逐步被包围在纱条之中，形成粗节使成纱条干恶化。在实际生产过程中，随着原棉中手拣含杂率的增加，成纱结杂增多，条干水平下降外，它们还影响周围纤维在牵伸区域中的正常运动，降低成纱的强力，增加断头，单纱强力变异系数增加。

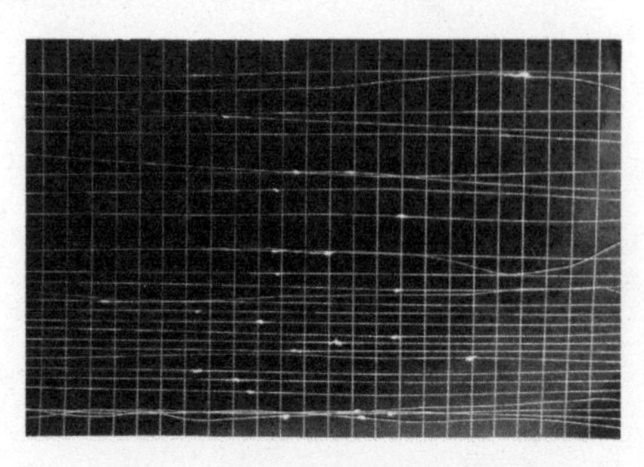

图 5-1　棉结对纱线外观的影响

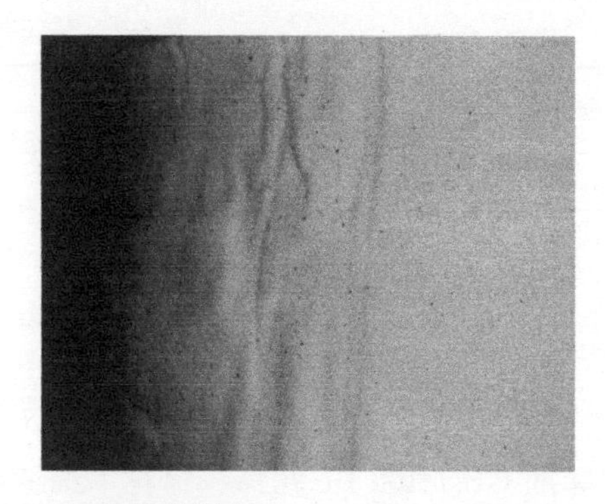

图 5-2 棉结杂质对织物外观的影响

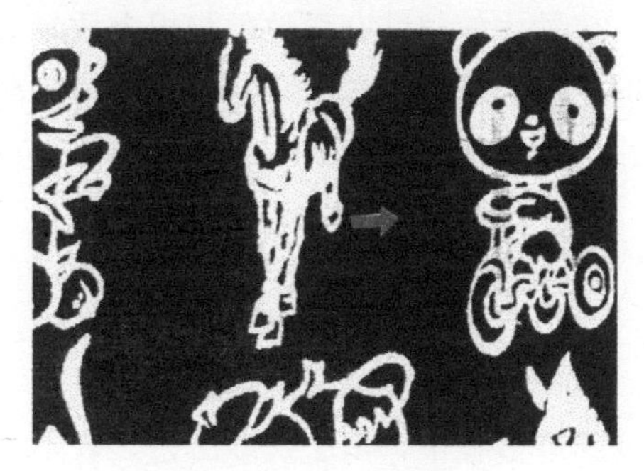

(a) 染色布上的棉结

(b) 染色布上的白星

图 5-3 棉结对染色布的影响

二、减少棉结杂质的意义

减少成纱的棉结杂质，使纺纱工序的重要任务之一，其数量的多少，直接影响细纱和布面的外观质量。因此，国家标准将棉纱的棉结杂质粒数的多少作为纱线品级的一线重要指标。

国家标准 GB 1103.1—2013《棉花 细绒棉 锯齿加工》中规定，轧工质量的划分根据皮棉外观形态粗糙及所含疵点种类的程度，轧工质量分好、中、差三档。

1. 轧工质量的分档条件

轧工质量的分档条件见表 5-1。

表 5-1 轧工质量的分档条件

轧工质量分档	外观形态	疵点种类及程度
好(G)	表面平滑，棉层蓬松、均匀，纤维纠结程度低	带纤维籽屑稍多，棉结少，不孕籽、破籽很少，索丝、软籽表皮、僵片极少
中(M)	表面平整，棉层较均匀，纤维纠结程度一般	带纤维籽屑较多，棉结较少，不孕籽、破籽少，索丝、软籽表皮、僵片很少
差(W)	表面不平整，棉层不均匀，纤维纠结程度较高	带纤维籽屑很多，棉结稍多，不孕籽、破籽较少，索丝、软籽表皮、僵片少

2. 轧工质量参考标准

轧工质量参考标准见表 5-2。

表 5-2 轧工质量参考标准

轧工质量分档	索丝、僵片、软籽表皮（粒/100g）	破籽、不孕籽（粒/100g）	带纤维籽屑（粒/100g）	棉结（粒/100g）	疵点总粒数（粒/100g）
好(G)	≤225	≤270	≤825	≤180	≤1500
中(M)	≤385	≤460	≤1400	≤305	≤2550
差(W)	>385	>460	>1400	>305	>2550

注 1. 疵点包括索丝、软籽表皮、僵片、破籽、不孕籽、带纤维籽屑及棉结七种。

2. 轧工质量参考指标仅作为制作轧工质量实物标准和指导棉花加工企业控制加工工艺的参考依据。

国家标准 GB 1103.1—2013《棉花 细绒棉 锯齿加工》中规定中将棉结列入，这说明上述做法是提高我国棉花和纺织品质量与国际标准接轨的重要举措。

从以上情况可以看出，原棉中的棉结杂质、成纱中的棉结杂质粒数与棉布质量具有十分密切的关系。因此，研究和分析棉结杂质形成的原因和规律，采取有效的技术措施减少结杂数量，对提高成纱质量、布面质量和外观特征，改善染整后布面和色泽，提高条干水平和条干水平，具有十分重要的积极意义。

三、棉结杂质的定义和分类

1. 棉结

棉结是由纤维、未成熟棉或僵棉，在轧花或纺纱过程中，由于纺纱工艺设置不当或处理不善集结而成。大的棉结称为丝团，可由正常成熟纤维形成，也可能由未成熟纤维形成；小的棉结称大多由未成熟的纤维纠缠而成。

(1) 棉结分类。根据其形成的因素，棉结主要有三类：机械棉结，大多数仅由纤维材料在机械操作中形成；生物棉结，通常指在枯叶或棉籽壳一类杂质周围形成的生物或杂质为核心的棉结；起绒性棉结，指在染色后的织物表面明显分布的棉结。

根据其形态和性质，可以将棉结大体分为三种类型：松棉结，棉结结构松散，其周围有较长的纤维；紧棉结，棉结外观较紧；状态棉结，棉结中含有僵棉、软黏表皮等夹杂物。根据对 27.8tex（21 英支）纬纱棉结外形，并解剖分析，上述棉结约 10%是由软黏表皮和僵棉包覆在纤维中形成，90%是由于纤维扭结而形成的，成熟系数在 1 以下的未成熟纤维占扭结纤维总数的 60%～68%。对棉结纤维长度分析表明，构成棉结的纤维长度 60%～75%是 16mm 以下短纤维。

(2) 成纱棉结检验标准。在对成纱棉结进行检验时，我国进行如下定义（国家标准 GB/T 398—2008 规定）。

① 成纱中棉结不论黄色、白色、圆形、扁形、或大或小，以检验者的目力所能辨认的即计入。

② 纤维聚集成团，不论松散与紧密，均以棉结计。

③ 未成熟棉、僵棉形成棉结（成块、成片、成条），以棉结计。

④ 黄白纤维，虽然未形成棉结，但形成棉束，且有一部分缠于纱线上的，以棉结计。

⑤ 附着棉结以棉结计。

⑥ 棉结上附有杂质，以棉结计，不计杂质。

⑦ 凡棉纱条干粗节，按条干检验，不算棉结。

2. 杂质

杂质是指附有或不附有纤维（或毛绒）的籽屑、碎叶、碎枝杆、棉籽软皮、毛发及麻草等杂物，对杂质的确定方法如下。

① 杂质不论大小，凡检验者目力所能辨认的即计入。

② 凡杂质附有纤维，一部分缠于纱线上的，以杂质计。

③ 凡 1 粒杂质破裂为数粒，而聚集一团的，以 1 粒计。

④ 附着杂质以杂质计。

⑤ 油污、色污、虫屎及油纱、色纱纺入，均不算杂质。

四、棉结杂质的测试方法

棉结杂质的测试有黑板目测法和仪器检测法两种，仪器主要是用乌斯特均匀度试验仪测定较为正确。

1. 黑板目测法

国家标准规定，成纱棉结杂质检验方法是在不低于 400lx 的照度下，光线从左后射入，检验面的安装角度与水平成 45°±5°，检验者的视线与纱条成垂线，检验距离以检验人员在辨认疵点时不费力为原则。检验时，先将浅蓝色底板插入试样与黑板之间，然后用如图 5-4 所示的深色压片压在试样上，进行正反面的每格内棉结杂质检验。逐格检验且不得翻拨纱线，棉结杂质分别记录。将全部样纱检验完毕后，算出 10 块黑板的棉结杂质总粒数，再根据下式计算 1g 棉纱内的棉结杂质粒数。

$$1\text{g 内棉结杂质粒数}=\frac{10\text{ 块黑板棉结杂质总粒数}}{\text{纱线特数}}\times 10 \tag{5-1}$$

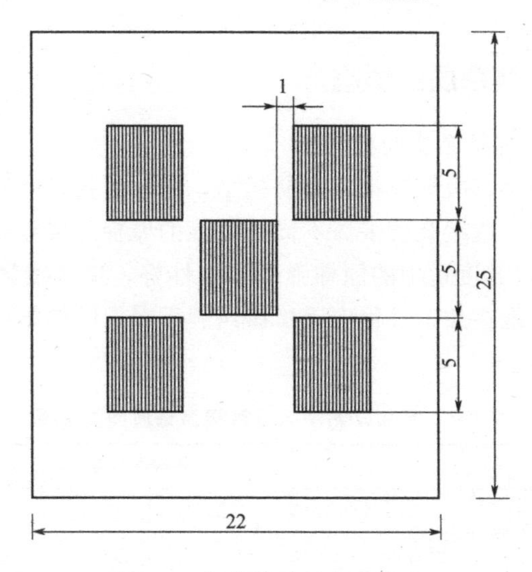

图 5-4　深色压片压在试样上

半制品的棉结检验是将试样扯松放在黑色玻璃板上，利用光源目测，白色点视为棉结。杂质检验则是将试样放在下灯光毛玻璃为罩的玻璃板上，黑色点即为杂质。图 5-5 为棉条的棉结杂质检验器结构示意图。

2. 乌斯特均匀度试验仪测定法

乌斯特条干均匀度变异系数是利用乌斯特条干均匀度仪，检测出的反映纱条 8mm 短片段不匀的数值情况。原理是采用电容式条干均匀度试验仪测定，将纱条短片段粗细变化情况

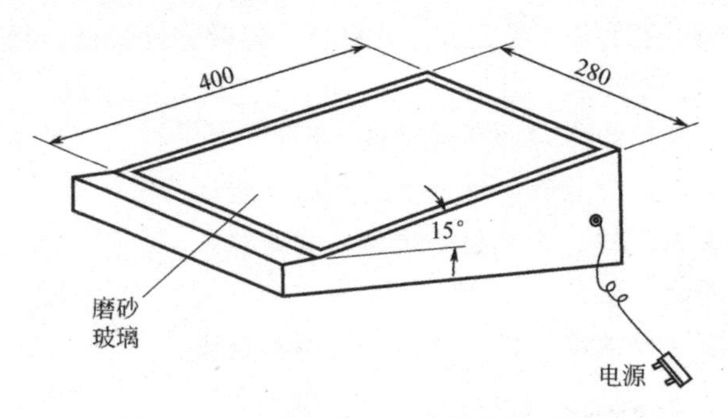

图 5-5 条子棉结杂质检验器结构示意图

转换成相应的电信号，再转换成数字信号，然后送到微处理器进行储存和运算，经过电路运算处理后即可得到纱条的短片段不匀率，即条干均匀度变异系数。需要时还可以获得纱条的不匀率曲线、波谱图以及粗节、细节、棉结等常发性疵点数等。

第二节 减少棉结杂质的技术措施和方法

棉结杂质粒数是衡量纱线质量的一项重要指标，它不仅直接影响纱线的强力大小和后道工序的生产效率，而且还影响最终产品的外观质量。因此，降低生条棉结杂质，成为降低纺纱织造过程断头、提高坯布质量关键因素之一。本节结合生产实践，就原棉性能、清花工艺、梳棉工艺等因素对生条棉结杂质的影响进行了试验和分析，探讨了减少生条棉结杂质的有效措施。

一、原棉对纱线棉结杂质的影响

1. 原棉成熟度与成纱棉结杂质间的关系

成熟度小的纤维弹性小，吸湿性强，容易扭结，纤维僵直；杂质薄而脆弱，与纤维粘连力大，不易梳理，易分裂，成纱杂质多。不同成熟度的原棉与成纱棉结杂质间关系的试验结果见表 5-3。由表可知，成熟度适中的原棉弹性和刚性好，单纤维强力大，在纺纱过程中抗压、抗弯能力好，致使纤维在加工过程中因揉搓纠缠而形成的棉结可能性就小，原棉成熟度系数越小，成纱棉结越多。

表 5-3 原棉成熟度与成纱棉结杂质间的关系

项目	平均成熟度							
	1.84	1.80	1.78	1.72	1.64	1.57	1.42	1.30
棉结/杂质(粒/g)	16/22	21/27	23/28	29/31	31/34	37/29	42/36	50/47

注：根据 8 次单唛试纺的平均值，品种 C18.2tex。

2. 原棉短绒率与成纱棉结杂质间的关系

短绒多，纤维不易在须条中伸直平行，容易形成毛羽，经摩擦后扭结形成棉结。因短绒容易扩散，易黏附在通道部分部件上，使胶辊、胶圈更易聚集飞花，经过与纱条相互摩擦后，相互扭结，夹在生条内形成棉结。短绒大部分是较脆弱的未成熟纤维，本身存在纤维短和成熟度低两个缺点，在经受机件的过度打击后，揉搓就形成棉结。不同短绒率的原棉与生条棉结杂质的关系的试验结果见表 5-4。由表 5-4 可知，随着短绒率的增加，成纱棉结不断增加。

表 5-4　原棉短绒率与成纱棉结杂质间的关系

品种(tex)	C29.2				CJ14.5			
短绒率(%)	13.97	15.98	17.32	19.43	9.94	10.49	11.60	12.31
棉结/杂质(粒/g)	17/32	20/34	24/4	28/45	12/24	16/32	22/30	27/37

3. 原棉细度与生条棉结杂质间的关系

原棉细度越细，纤维越柔软，再生产加工过程中越容易扭结搓揉而形成棉结，原棉不同细度时生条棉结数量对比试验结果见表 5-5。

表 5-5　原棉细度与生条棉结杂质间的关系

原棉线密度(tex)	1.61	1.62	1.64	1.72	1.84	1.87
生条棉结(粒/g)	47	47	39	34	32	27

4. 原棉其他特性对生条棉结杂质的影响

带纤维籽屑是在棉花加工中产生的，在纺纱过程中由于其重量较轻，且带有一定量的纤维，在清梳工序中，其试验结果见表 5-6。

表 5-6　带纤维籽屑与生条杂质间的关系

带纤维籽屑(粒/10g)	40	49	56	64	70	90	100
生条结杂(粒/g)	12	15	22	27	32	46	59

注：品种 C27.8tex。

原棉的加工方式对生条棉结杂质的形成也较为明显。锯齿棉由于含棉束、棉结等疵点比皮辊棉多，这些疵点在清棉加工中不易排除，并且因纤维在锯齿轧棉中受打击而疲劳，容易纠缠。因此，锯齿棉在生条中的棉结要比皮辊棉多。

要合理使用本特回花，严格控制其比例。回花和下脚在梳理加工中，生条中棉结杂质数量较多。因此，在保证质量的前提下，多余回花要降特使用。

5. 棉卷结构对生条棉结杂质的影响

棉卷结构好，说明棉卷中面块小，棉束小，有利于够工序分梳，棉网中单纤化程度高，棉结数量少。棉卷含杂多，则棉网中棉杂多。因此，降低生条棉结杂质，在清花工序应重点改善棉卷结构，降低棉卷含杂。

二、开清棉工序对纱线棉结杂质的影响

1. FA002D 型抓棉机打手速度对生条棉结的影响

表 5-7　打手速度与生条棉结的关系（品种 C 18.2tex）

项目	调整前	调整后
打手速度(r/min)	650	850
生条手拣棉结(粒/g)	46	27
生条短绒率(%)	17.45	22.04

抓棉机打手速度增加后，打击强度增加，纤维受到的应力作用大，增加开松度，使杂质暴露的机会更多，便于除杂。若打手速度过高，会使输棉管道补风不足，静电大，动压小，

抓取的棉束不能顺利转移，随打手重复打击，造成束丝，反而会使棉结增加，见表5-7。

2. 清花工序工艺参数对棉结的影响

根据原棉的性能和特点，开清棉工序应采用“多松少打、早落防碎”的工艺原则，采用严格的操作法，保证抓棉机的运转率在85%以上。清花设备做到五光二准一通二灵敏：五光即棉流或棉层通道、角钉、梳针、刀片等部件要光滑，使原棉在加工过程中不挂花、不返花和不缠绕；二准是指打手与尘棒、打手与剥棉刀隔距准确；一通即前后气流通畅；二灵敏是指水银开关和电器控制要灵敏。通过上述措施原棉开松度和除杂效率得到提高，棉卷结构明显改善，生条棉结杂质明显下降。

清花工序本着先送后打、早落防碎、先落大杂后落小杂的原则，要合理选择打击点。对成熟度差、含杂高、细度细的原棉，可先松后打，一般选择三个打击点；对成熟度差、含杂少、细度细的原棉，要多松少打，一般经过两个打击点；对成熟度好、含杂少、细度一般的原棉，可以松打交替，以少打为原则，一般经过两个或三个打击点。

工艺配置要根据原棉性状和卷棉含杂情况和短绒含量来定。如果原棉质量差异大，利用棉箱的特点，增加落杂区，调整棉帘子间的撕扯速比，增加棉帘的角钉密度，减少角钉直径；适当降低打手速度，调整尘棒隔距，使应落的杂质尽量早落。如果原棉短绒率较高，采用梳针打手，同时放大落杂区隔距，达到排除短绒、减少棉结的效果；适当增加凝棉器的风量，采用适当的补风量，同时适当控制打手前方吸棉风扇速度，从而排除短绒和细小的杂质，以提高除杂的效率，减少纤维的损伤，减少束丝和棉结。

三、梳棉工序对纱线棉结杂质的影响

1. 车间温湿度和操作管理对生条棉结的影响

车间温湿度过大，开松不良，棉结增多，湿度过小，造成飞花过多，附入棉条，而产生棉结。加强对空调的合理管理，车间温湿度要不定期抽查，建立由原棉到半成品的各级把关制度，制订严格的质量网络控制系统，使生条棉结杂质明显下降。

2. 合理选择新型分梳元件，提高针布锋利度

针布的规格型号直接影响梳棉机的分梳、除杂、转移以及混合的作用。新型针布具有“矮、浅、密、薄”的特点。锡林针布齿密加大，能增加握持和分梳作用，改善棉网质量，工作角适中时，纤维不易沉入齿根，转移和释放穴位能力强，有利于分梳和转移纤维，一般选择2525×1550型针布效果比较好。道夫针布必须与锡林针布相配套，才能更好地转移，提高棉网质量，适中密的道夫齿密，能提高道夫凝聚纤维的能力，改善棉网结构，使纤维凝聚均匀，一般选择4030×1880型针布。盖板针布选型是否合理，直接影响生条质量。一般选择MCH45型盖板针布，能增加握持和分梳纤维的能力，使生条棉结杂质明显减少。

3. 梳棉机主要工艺参数对生条棉结杂质的影响

表5-8 梳棉工艺与生条棉结杂质的关系

项目	工艺一	工艺二	工艺三
锡林速度(r/min)	385	345	330
刺辊速度(r/min)	1080	780	660
道夫速度(r/min)	26	21.5	24.5
盖板速度(mm/min)	220	200	164

续表

项目	工艺一	工艺二	工艺三
除尘刀位置(mm/min)	+2×90°	+3×90°	+1×90°
锡林～盖板隔距(mm)	0.35 0.30 0.30 0.30 0.35	0.28 0.25 0.25 0.25 0.28	0.18 0.15 0.18 0.15 0.15.
锡林～道夫隔距(mm)	0.13	0.13	0.13
给棉罗拉～刺辊隔距(mm)	0.28	0.30	0.25
刺辊～锡林隔距(mm)	0.18	0.23	0.15
给棉罗拉～给棉板隔距(mm)入口/出口	0.13/0.28	0.13/0.30	0.13/0.25
锡林～前上罩板隔距(mm)	0.66	0.60	0.56
生条重量不匀率(%)	4.8	3.4	3.8
生条棉结/杂质(粒/g)	36/48	21/24	29/39

注：品种 CJ 14.5tex。

由表 5-8 可知，工艺二的工艺参数有利于减少生条棉结杂质数量。锡林、刺辊、道夫速度与盖板速度适当选择，能保证纤维顺利向锡林转移，减少短绒和纤维的损伤程度。盖板速度适当偏大掌握，对提高分梳度、降低纤维损伤，减少生条棉结杂质十分有利。各部件隔距适中选择，对棉层开松和分梳有利，增加对纤维的抓取能力和剥取转移作用，提高纤维转移能力，避免纤维返花和搓转，提高棉网清晰度，减少棉结产生的概率。

在梳棉机上采用“紧隔距，强分梳”的工艺是增强分梳、促使纤维伸直和减少生条棉结杂质的有效措施，要做到“四快一准”，各部件针齿要锋利，各处隔距要准确。在梳棉机上增加分梳元件，如在锡林和刺辊间加装预梳辊等，是减少生条结杂的一个有效措施。梳棉机上棉结的形成主要是返花、绕花及纤维搓转形成的，所以做好各部件的维修保养工作，防止返花和挂花，尽量减少纤维搓转。减少纤维的损伤断头和增加短绒的排除，是降低生条结杂的一个有效方法。对锡林、道夫、刺辊和盖板的针布状态进行检查评级，求针布锋利度达到中上等以上；针面平整度、圆整度达到 0.05mm 以下。同时，保证梳棉机前后气流通畅，使纤维转移良好，对大小漏低和罩板等通道部位进行全部清洗打磨，做到光滑不挂花。严格运转操作法，执行车肚通掏，做到各吸尘点气流通畅，吸风良好，车肚内无挂花和积花现象。通过加装吸风除尘装置和改进罗拉剥棉方式，能有效减少纤维扭曲和产生弯钩，提高棉网清晰度，降低生条结杂数量。

四、并条工序对纱线棉结杂质的影响

1. 并条机速度对成纱棉结的影响

成纱棉结随着并条机速度的提高而增加。加工 C14.5tex 纱时，在 FA302 型并条机上选择两种速度。纺纱后的测试数据证明，适当降低并条机速度，有利于降低千米节结数量，试验结果见表 5-9。

表 5-9　并条机速度与棉结的关系

并条机速度(r/min)	条干 *CV* 值(%)	细节(个/km)	粗节(个/km)	棉结(个/km)
950	13.8	52	80	100
1450	14.8	70	102	142

2. 并条机道数与棉结的关系（表 5-10）

表 5-10 并条机道数与棉结的关系

品种(tex)	道数(道)	细节(个/km)	粗节(个/km)	棉结(个/km)
CJ5.8	二道	44	60	47
	三道	70	98	123
CJ9.8	二道	52	69	80
	三道	80	101	122

注：配棉成分相同，清梳与精梳工艺相同，精梳落棉率均为 20%。

由表 5-10 可见，采用二道并条机纺细特纱，有利于减少千米结节数量。这是因为采用三道并条，造成纤维成熟度降低，弹性变差，短绒增加，纤维疲劳后易粘连，经揉搓后形成棉结；三道并条使总牵伸倍数增大，导致熟条太熟太烂，增加附加不匀率，从而产生较多的棉结。

五、精梳工序对纱线棉结杂质的影响

1. 精梳落棉率对成纱棉结的影响

精梳棉条排除了大量的短纤维和杂质，纤维的伸直度、平行度得到改善，和同特数的普梳棉条相比，棉结数量减少。纺 T/CJ 67/33 13tex、CJ11.5tex 纱时，可选择六种不同的落棉率，纺纱后分别测试棉结数量，结果见表 5-11。

表 5-11 不同落棉率与棉结数量的关系 个/km

落棉率(%)	16	18	20	10	12	14
T/CJ 67/3313tex	27	25	17	38	36	32
CJ11.5tex	29	27	20	43	39	36

注：1. 机型为 FA261 型精梳机。
2. 棉结为精梳纱中棉结数量。

由表 5-11 可见，落棉率与成纱棉结数量成负相关关系，即随着落棉率提高，排除的短绒含量增加，成纱棉结数量明显下降。

2. 精梳机毛刷速度对棉结的影响

毛刷圆整度和毛刷速度是产生精梳纱中棉结的关键因素，方 CJ14.5tex 纱时，选择三种速度，纺纱后测试棉结，结果见表 5-12。

表 5-12 毛刷速度与成纱棉结的关系

毛刷速度(r/min)	成纱棉结数量(个/km)
800	34
1000	27
1200	19

注：落棉率为 18%，毛刷直径 100mm。

由此可见，提高毛刷速度，能有效清洁锡林表面，排除较多的短绒和杂质，能明显减少纱成纱千米棉结数量。

3. 精梳其他工艺对棉结的影响

在使用瑞士立达 E7/6 型精梳机时，经过工艺实验发现，给棉方式、喂棉长度、喂给棉层厚度、顶梳尺度、落棉刻度及搭头刻度等对改善分梳质量、提高棉网均匀度及减少成纱棉结十分重要。纺 CJ7.3tex 时，选择 18%得落棉率，小卷定量 68g/m，给棉长度 5.2mm，顶梳尺度 52mm，经过纺纱后试验，千米棉结由原来的 32 个/km 降为 20 个/km。因此，合理配置工艺参数，对提高精梳纱质量，减少千米棉结十分重要。

六、粗纱工序对纱线棉结杂质的影响

1. 粗纱回潮率对棉结的影响

纺 T/C 65/35 13 tex 纱时，分别将粗纱放置在三种相对湿度下 48h，纺纱后分别测试棉结，结果见表 5-13。

表 5-13　粗纱回潮率与成纱棉结的关系

回潮率(%)	条干 *CV* 值(%)	细节(个/km)	粗结(个/km)	棉结(个/km)
1.8	14.2	47	62	57
2.3	13.8	34	49	42
3.9	15.6	50	64	60

由此可见，粗纱经适当放置可提高粗纱回潮率，对稳定纱线捻回还有一定作用，使粗纱中纤维刚度适当降低，静电积聚下降，减少纤维在纺纱过程中相互排斥，有利于减少千米结节数量。但当回潮率过大时，则纤维容易纠缠和粘连，反而导致棉结增加。

2. 粗纱定量和捻系数对棉结的影响（表 5-14）

表 5-14　粗纱定量和捻系数与棉结的关系

品种 tex	捻系数	定量(g/10m)	细节(个/km)	粗节(个/km)	棉结(个/km)	条干 *CV* 值(%)
T/CJ 65/35 13tex	66	328	41	49	54	14.9
	64	4.12	27	37	39	13.9
	70	5.49	39	44	63	15.7

注：配棉相同，精梳落棉率为 17.8%。

由表 5-14 可见，采用适当大的捻系数和偏轻的定量，有利于减少千米结节的数量。适当大的捻系数可提高细纱牵伸前区须条的紧密度，减少边缘纤维和短绒的散失，有利于增加纤维间的应力和抗弯刚度，减少纤维搓转而形成棉结；适当减轻粗纱定量，可减少细纱机总牵伸倍数，有助于减小纤维在牵伸区的移距偏差，能改善条干和纱条光洁度及减少千米结节的数量。

七、细纱工序对纱线棉结杂质的影响

1. 细纱胶辊对棉结的影响

前胶辊采用无锡二橡胶厂生产的软弹不处理胶辊，可提高弹性，增加变形量，对浮游区纤维运动控制作用加强，延长摩擦力界，缩小加捻三角区，减少千米结节产生的概率。不同胶辊对比实验结果见表 5-15。由表 5-15 可知，采用软弹不处理胶辊可加强对浮游区纤维的控制，防止短纤维扩散而形成棉结。

2. 上销形式对棉结的影响

纺色纱 CJ14.5tex 纱时，选择铁板上销和塑料上销。试验结果证明，采用塑料上销能减

少成纱棉结。这是因为塑料上销具有高强度、高耐磨性能、抗静电较好，它能自动张紧上胶

表 5-15 胶辊形式与棉结间的关系

胶辊形式	WRC-965(软弹胶辊)	普通 836
条干 *CV* 值(%)	13.2	15.2
细节(个/km)	39	57
粗节(个/km)	43	72
棉结(个/km)	51	89

注：品种 CJ18.2tex。

圈，有利于减少胶圈内层和上销表面的滑溜率，减少它们之间的“黏附”作用及运转中的打顿和颤动现象，增加握持控制纤维的有效运动，改善成纱质量。实验结果见表 5-16。

表 5-16 不同上销纺纱质量情况对比

型　号	类　型	条干 *CV* 值(%)	细节(个/km)	粗节(个/km)	棉结(个/km)
摇架型号	铁板上销				
SKF-PK225	塑料上销	15.8	59	242	208
		14.6	30	184	98

注：品种 CJ14.5tex。

3. 钳口隔距和集合器对棉结的影响

有无集合器对棉结的影响见表 5-17。

表 5-17 有无集合器对棉结的影响

纱线品种(tex)	CJ14.5		C18.2		T/C 65/35 13	
有无集合器	有	无	有	无	有	无
棉结(个/km)	41	68	52	73	39	59

注：钳口隔距 2.5mm。

采用合适的集合器和偏小的钳口隔距，能聚拢短纤维，收缩须条宽度，增加须条的紧密度，使纤维在牵伸区受到控制，防止短纤维的过分扩散和搓揉，使须条在较紧密的状态下加捻，从而减少棉结数量。

4. 细纱后区牵伸工艺对棉结的影响

试验证明，适当提高粗纱捻度，减少细纱机后区牵伸倍数，放大细纱后区隔距，三者适当搭配既能加强对牵伸区纤维的约束，提高须条紧密度，又能使须条经后区牵伸后仍留有一定捻回进入主牵伸区，有利于提高前区须条的紧密度，进一步减少纤维扩散，加强对纤维运动的有效控制，从而减少成纱棉结数量。

八、络筒工序对纱线棉结杂质的影响

1. 络纱速度对棉结的影响（表 5-18）

表 5-18 络纱速度对棉结的影响

络纱速度(m/min)	条干 *CV* 值(%)	细节(个/km)	粗节(个/km)	棉结(个/km)
原纱	16.0	192	678	752

续表

络纱速度(m/min)	条干 CV 值(%)	细节(个/km)	粗节(个/km)	棉结(个/km)
1000	17.2	203	702	768
1200	17.6	212	712	769
1400	18.00	220	710	780
1600	18.2	236	718	780
1800	18.8	230	719	784

注：络筒机为德国赐来福 Autoconer338 型，品种 C18.2tex。

从表 5-18 可见，随着络纱速度增加，条干 CV 值恶化，粗细节和棉结均有所增加，所以适当减少络纱速度，对改善条干和减少千米结节数量十分有利。

2. 络纱张力对纱线棉结的影响（表 5-19）

表 5-19　络纱张力对纱线棉结的影响

品种(tex)	张力刻度值	条干 CV 值(%)	细节(个/km)	粗节(个/km)	棉结(个/km)
CJ14.5	管纱	15.2	132	425	450
	8	15.8	158	429	468
	10	16.0	160	438	474
	12	16.4	164	438	478
T/C 65/35 13	管纱	15.6	48	132	198
	8	16.0	60	135	200
	10	16.4	61	140	202
	12	16.6	69	143	206

注：络筒机为日本村田 No7-7 型络筒机。

由表 5-19 可见，随着络纱张力增加，条干恶化，棉结数量增加。这是因为张力增大时，纱线与络纱部件碰撞摩擦，使卷入纱体的一部分纤维露出纱体，或将原有的短毛羽搓揉为棉结，或使较小短绒积聚增加，使截面变大，从而使粗细节和棉结增加。

第三节　减少白星的技术措施和方法

一、减少白星的现实意义

在印染加工过程中，纯棉薄型稠和高密涤/棉织物常因布面上的白星而使质量受到影响。白星是在印染加工后显现在布面上的白点，特别是加工深色织物时，吸色较浅的白星对布面外观的破坏更为显著。在色彩鲜艳、色泽均匀的深色府绸上有了几点吸色较浅的白星，就破坏了整体的外观。白星在纱线本身尚未列出具体的考核内容和指标，但对印染加工中成品合格率和质量影响较大。因此，棉结与白星直接影响坯布印染加工后的外观质量，降低白星对提高成纱质量、坯布布面质量和染整印染布质量具有十分重要的作用和现实意义。

二、产生白星的原因

白星由僵棉死纤维、未成熟纤维等形成。僵棉死纤维的成熟度极差，并且极易碎裂，经梳棉机加工后往往被梳成大小不等的片状，顺着棉网中其他纤维一起成条，在半制品及纱和布面上都不能明显地看出，直到染色加工后才在布面上显出不同形状的白点。

僵棉死纤维等对染料的亲和力差，导致染色不均匀或染不上颜色，直接影响织物的染整质量。布面上的棉结和带纤维籽屑，在染色后也会使布面产生白星。选配原棉时要合理配棉，是使染色布面白星小而少的一个根本措施。

三、白星与棉结的区别

白星和棉结是两种不同类型的疵点，是两个概念，它们的结构区别可以从可见性、形状、附着情况、印染后的情况四个方面来区别。

棉结在坯布上是看得到、摸得着和数得清的，其表面是圆形，突出在织物外表，经过染色加工后大部分为吸色较深的点子。如果用手刮布面，部分联系较弱的棉结可被刮去；而只有少部分紧棉结转化成为白星。

白星在坯布上不容易看出，只有在染色加工后才明显地表现出来。由于白星的吸色性极差，所以在染浅色时并不明显，在染深色时布面就显现出一个个明显的白点，其呈现率随着染色的深度增加而增加。白星有圆形的，也有长状、片状和丝状，有的附在纱的表面上，有的却平平整整地嵌在纱和织物的组织里，即不突出在表面，也不能用手剥去。

纱线上许多疵点在布面染色后，以白星的形式表现，但在纱线中各种疵点在印染加工中相互转化的可能性是不一样的。例如，纱线中死纤维基本上都转化成了白星，棉结只有10％左右转化成了白星，其他仍为棉结；带纤维籽屑则有半数以上转化成棉结，仅部分转化成白星。

棉结同白星虽有本质的区别，但对印染成品的外观质量却有同样的影响，自星在棉纺厂的半制品中不易发现，而棉结却容易看出。过去一般棉纺厂均以控制棉结的产生为主，而忽略了对白星的控制，这是今后应该注意的问题。

四、白星在各工序的演变过程和规律

各工序白星的演变规律基本上与棉结的演变情况相同。在开清棉工序加工过程中，虽然能够排除一部分僵棉死纤维，其余的仍留在棉卷中，但经过梳棉机强烈的分梳作用后，残留在棉卷中的僵棉死纤维，被打碎成为不同性状大小的白星，仍然存在于棉网中。因为，一方面白星的重量较轻，所以在以后的各道工序中排除的数量较少；另一方面，由于它很容易碎裂，所以在梳棉工序中数量增加而颗粒变小。各工序中的白星变化规律是，由于棉结的增加和形状较大的僵棉死纤维被罗拉挤压破碎，从清花到头道并条，使头并棉条中的白星粒数逐步增加，质量和颗粒大小逐渐减轻和变小；二道并条到细纱白星粒数是逐步减少的，这是由于在粗纱、细纱加捻时，部分白星被包覆在纱条中。白星的重量变化随着各道工序牵伸作用的加大而减轻，颗粒大小同样随着牵伸作用的加大而减小。

五、减少白星的技术措施

白星在纱线和坯布上不容易被发现和检查到，主要原因是由于未成熟纤维存在于纱线和坯布的组织里之中，经过染色和印染加工处理后，才能在织物布面上明显的显现出来。在生产过程中，要采取以下的技术措施，以减少白星的不良影响。

1. 原棉的选择

对白星有特殊要求的高档产品，要严格控制原棉中的疵点内容，包括僵片、软籽表皮、病虫害棉和低成熟度纤维等。绝大多数死纤维在染色后的布面上能形成白星，而不孕籽基本上不形成白星或棉结。据有关试验结果，棉结有10%转化为白星；带纤维籽屑50%以上会转化为棉结，仅部分转化为白星。因此，合理地选择原棉是染色布面白星小而少的一个关键方法。针对白星的形成原因，在配棉应当注意，要合理选配原棉。低成熟原棉的百分率应偏低掌握，在10%左右，此外，主体原棉的产地要有相对长期的稳定时间，配棉时须有50%～60%的主体产地原棉，以使所配原棉加工深色坯布有更好的适应性。原棉中僵棉、软籽表皮等疵点的含量要严格控制，一般情况下，细特纱≤0.5%，中特纱≤1%，以确保深色布布面上白星的呈现率降低。

轧工形式对白星的影响规律则与棉结相反。由于锯齿轧棉方式的作用较剧烈，容易损伤纤维，产生较多的棉束，对减少棉结十分不利，但锯齿轧棉机装有排僵设备，故对减少白星较为有利；而皮辊棉则对排除和减少白星极其不利，对减少棉结较为有利。因此，对不同产地的原棉应考虑是否使用排僵设备，注意原棉是否有混级成包或掺杂等，应加强逐包逐层检查，并综合考虑质量上存在的问题，合理选用不同轧棉工工艺的原棉。

2. 落棉率、含杂率和除杂效率

针对白星大部分是由僵棉死纤维造成的，在安排落棉分配时，可在清花早落一些，适当多落1～2个百分点。梳棉机后车肚第一落杂区要适当多一点，以多落大杂质和僵棉死纤维为主，以减少后道工序白星产生的概率。根据生产经验，开清棉联合机的统破棉籽率一般为原棉含杂率的80%～110%，除杂效率控制在55%～65%，落棉含杂率控制在65%左右。原棉含杂低、细小黏附性杂质多时，在开清棉工序不容易清除，统破棉籽率偏高掌握，而除杂效率和落棉率含杂率可以偏低掌握；反之，原棉大杂多时则相反，一般棉卷含杂率控制在1%～1.6%。梳棉机落棉包括刺辊落棉、盖板落棉和吸尘落棉，其中以刺辊落棉最多，盖板落棉其次，吸尘落棉最少。刺辊落棉率，在纺棉时一般为棉卷含杂率的1.2～2.2倍。除杂效率一般控制在50%～60%，盖板除杂效率一般控制在3%～10%。

3. 开清棉工序

采用合理的工艺参数，以加强排除僵棉。在设备选用上，应尽量选用排僵棉好的设备。在工艺设计中，应采用“多松少打、多落早落、先松后打、松打间隔、逐步增强、多松早落、强梳多梳、通道光洁、合理排除”的工艺，一般情况下掌握清花统破籽率对原棉含杂的150%左右。确保“早落少碎、多落少回收、未碎先落、排除僵棉”的目的。抓棉工艺中应遵循“精细抓棉、薄棉细松”的原则，适当降低抓棉刀片的隔距，调节抓棉小车的运行速度和升降速度，做到少抓勤抓，棉块小而匀。抓棉机宜加密刀片，调节小车运行和升降速度，做到薄喂细松。棉箱的帘子角钉改细加密，角钉帘与压棉帘隔距宜小，调整输棉速比，防止返花。调节出棉量，保持出棉量稳定，达到均匀输棉，提高运转率和棉纤维的开松效果，提高开松效果，为排僵创造条件。选用排僵效果好、除杂面积大的多滚筒或豪猪开棉机，各打手下的尘棒隔距适当放大，以利除杂。储棉不能过满，剥棉罗拉速度不宜过高，减少翻滚摩擦。选择较大的尘棒隔距，易于除杂。尘棒下不宜补风，扩大落杂区，尽量减少僵棉的回收。为防止纤维的进一步断裂和损伤，宜采用自由打击与握持打击相结合的工艺，并合理配置打手速度与隔距。宜采用电气配棉，保证开清棉机的均匀喂入和输出。在开清棉机中应该充分利用混开棉机、豪猪式开棉机及气流除杂机排除僵棉、死纤维效果好的特点。因此，可以适当增加上述机台的落棉率，以增加死纤维排除的绝对量。

4. 梳棉工序

梳棉工艺采用“紧隔距、强分梳、四锋一准、通道光洁”的工艺原则。掌握适时落杂的工艺，防止僵片类疵点的碎裂，充分发挥刺辊下后落棉的除杂作用，是预防和减少白星的关键措施。除尘刀采用低刀大角度的工艺，缩短小漏底的弦长，缩小漏底进口的隔距，放大漏底网眼的直径，以增加后落棉，达到早排僵的目的。调整托棉板的工作面，尽量防止落杂区口挂棉帘。加强分梳，适当提高刺辊转速和加重给棉罗拉压力，以利于纤维束的分离和伸直，使之具有较好的单纤维状态。适当提高盖板速度，采用紧隔距措施，缩小后落棉机台间的差异；正常进行刷漏底和出车肚花工作，擦光大小漏底，保持通道的光洁和畅通；清除漏底毛糙、锈斑和油污等，有利于排杂；车间保持合适的温湿度，减少纤维间的联系力，从而有助于排杂。在梳棉机的锡林、盖板工作区，采用紧隔距、强分梳工艺，可以使棉网中的白星减少，并可在斩刀花中排除。

5. 染整工序

虽然在原料选用、纺纱设备及工艺上，进行了预防和优化，初步达到了减少白星的目的，但相对地提高了产品的成本，增加了管理的难度。因此，在保证最终产品质量和用途的前提下，选择合适的染料对白星进行遮盖，是一个行之有效的好方法。其主要工作原理就是选择合适的染料品种，在其他工艺条件基本不变的情况下，提高染料大分子对薄壁死纤维和成熟度不高纤维的渗透和被覆，从而达到减少布面白星的目的。在实际生产中，选用一些对棉纤维有一定亲和力的具有平面结构和线型大分子的染料进行染色，提高渗透率，保证其有着较好的色牢度。还可选用一些具有卤素基团的还原染料，由于它们对死纤维遮盖能力较好，染色后有着较好的被覆率，在着深色织物中应用较多，但应掌握好配比。

知识扩展：棉结杂质检测仪器的工作原理及使用

1. 棉结杂质在线检测

在棉花生长、采摘、收购、运输、加工中，有很多因素都影响着最终棉纺产品的质量，尤其在压花、粗纺成棉纱条以后，以棉纱条中夹杂的棉结杂质的影响最为严重，直接影响着布匹的质量。以往的检测方法都是用人工方法，用手摸或用眼看，漏检率高，精度低。基于视频的棉结杂质在线检测系统的开发和应用大大提高了棉结杂质检测速度，并为在线质量监控奠定了基础。

在线检测系统将棉纱条中直径大于0.25mm的杂质及直径大于0.5mm的棉结异物全部检出，同时按照异物的大小进行分类，即直径小于允许范围、在允许范围内、超出允许范围，并给出不同的控制信号。棉纱条的运动速度为40～400mm/s。根据测量精度的要求，使用UNIQ-UM201相机。其具有异步采集功能，可以在很高的快门速度下采集到没有任何模糊点的高质量图像，非常适合运动目标的图像采集（图5-6）。根据棉纱条运动速度的快慢，在生产线上装配光电控制行程开关，用外触发或异步复位方式采集单帧或单场的连续图像（图5-7）。

以棉纱条52mm×39mm大小的运动图像为例，按照40mm/s的棉纱运动速度，在大约500ms的时间内完成图像单场采集、二值化处理、颗粒分析（面积、最大直径、最小直径）、结果输出。

2. 棉结的离线检测——AFIS棉纤维性质检测仪的作用

利用棉纤维性质检测仪对纺纱厂的库存使用的原棉进行混棉排队，以保持按品种合理用棉，使生产长期稳定。离线检测作用还在于能对抓包机上排放的棉包进行逐包检验，通过逐

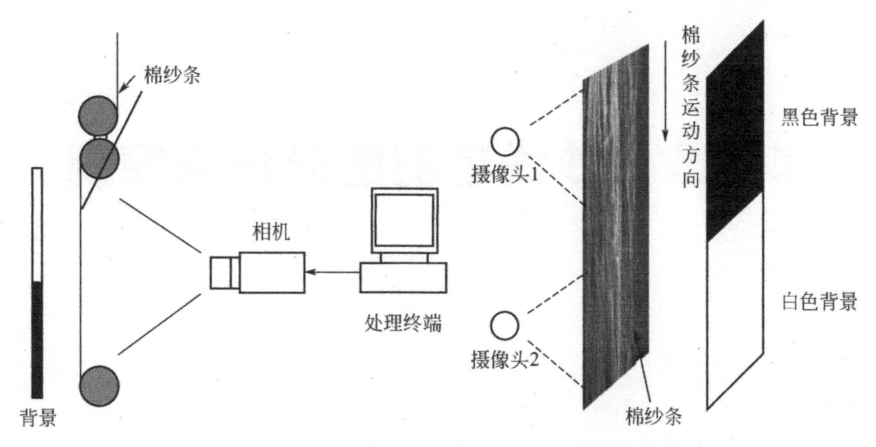

图 5-6　棉结杂质在线检测原理

图 5-7　检测到的棉结杂质图像

包检验可发现包与包之间棉结含量及不成熟纤维含量是否存在显著差异。逐包检验还包括对原棉的不成熟纤维含量及分布的检测，批次之间及批次内包与包之间的不成熟纤维含量的分布要通过检测控制在一定的指标内。若超过标准会使纱线产生棉结，影响生产效率并造成染疵。

应用棉纤维性质检测仪，可以根据纤维长度、棉结、杂质含量等纤维参数的变异对整个生产过程进行控制。通过检测这些参数，可以对不同生产设备的除杂和牵伸进行正确的设置，同时了解每一生产过程的除杂效率及零部件磨损情况。

对原棉的开松与除杂净化棉网及半制品与减少棉结及短绒是一个相互依存而又矛盾的关系，要在开清棉、梳棉及精梳工序中应用 USTER AFIS 棉纤维性质检测仪对设备的各个环节研究这个问题。在测试结果的指导下，通过模块技术的应用，优化工艺及改进设备编组以柔和的加工技术在对原棉尽量开松除杂的同时最大限度地减少棉结及短绒的产生。

思　考　题

1. 叙述棉纱的棉结产生的原因。
2. 叙述纤维性能与棉结的关系。
3. 叙述减少棉结的技术措施和方法。
4. 叙述减少白星的现实意义。
5. 叙述产生白星的原因。白星与棉结有什么区别?
6. 减少白星的技术措施有哪些?

第六章　纱线毛羽的分析与控制

本章知识点

1. 纱线毛羽的影响。
2. 纱线毛羽的种类及其形态。
3. 纱线毛羽的指标。
4. 纱线毛羽的检测方法。
5. 细纱毛羽的形成原因。

当前，随着国内外纺织品市场竞争日趋激烈，纺织品正向高档、优质、高附加值方面发展，以质取胜，制定严格的质量控制标准，对企业来说非常重要。纱线毛羽对纺纱工艺、纺纱质量和布面外观具有不可忽视的影响，而且影响后加工、织造的质量和生产效率。

第一节　纱线毛羽的影响与形成

一、纱线毛羽的影响

纱线毛羽是指暴露在纱线主干外的那些纤维头端或尾端。纱线毛羽是衡量纱线质量好坏的标志之一，它不仅影响织物外观（如手感、风格和布面光洁等），而且与后工序的顺利加工密切相关。如果纱线的毛羽过多和过长，在织造过程中，就会造成星跳、假吊经等疵点。由于毛羽产生的原因不同，也具有不同的形态，基于这种情况，不可能用某一种简单的方法就可以使毛羽降低到所要求的范围以内。所以说，控制毛羽已成为织造生产中的一个关键问题。

毛羽造成纱线外观毛绒，降低了纱线光泽，杂乱的毛羽也会对织物外观产生不良影响，因而受到普遍重视。随着对产品质量要求不断提高，纱线毛羽作为评定纱线的一个指标越来越重要。

二、纱线毛羽的形成

在环锭纺纱系统中，成纱是在环锭细纱机上完成的，尽管原料、前纺加工过程等对纱线毛羽有着重要的影响，但真正意义上的纱线毛羽最先是在环锭细纱机上产生的。在后道工序加工过程中，除浆纱工序外，其他各工序还会使毛羽数增加，毛羽长度变长。

1. 环锭细纱机上毛羽产生的原因

（1）加捻三角区产生的毛羽。环锭细纱机加捻方式为卷捻，即在加捻三角区处，扁平纤维丛被包卷加捻成圆柱形的纱线，如图 6-1 所示。这是细纱毛羽产生最多的地方，此处毛羽的形成有五种情况。

① 当纤维从前罗拉输出时，由于牵伸作用，纤维间抱合力减弱，须条扩散，部分纤维一端与须条脱离联系，伸出纱条主体部分形成毛羽。

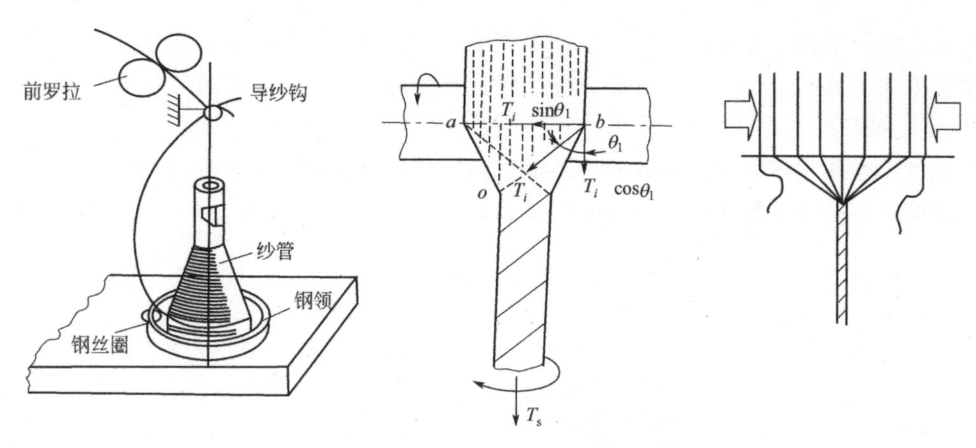

图 6-1　加捻三角区形成毛羽

② 在加捻三角区，由于纤维尾端不被控制，也造成毛羽。

③ 经牵伸后从前罗拉钳口送出的扁平纤维丛在加捻三角区受加捻作用包卷成纱时，未受加捻力矩控制的头端自由纤维（尾端处在前钳口须条中，而头端从须条中分离出来的纤维）不能卷入纱体而露在外面形成毛羽。

④ 在张力的作用下，距纱轴中心不同距离的纤维受到的向心压力大小不同而在纱条内外层间发生反复的内外转移，在转移过程中被挤出纱体的纤维端，由于向心压力难于再作用于其上而留在纱的表面形成毛羽。

⑤ 纤维的前端受传递来的捻度控制，而尾端在脱离前罗拉钳口但尚未被较大的捻度控制的瞬间，受纤维挠曲刚度的作用被弹出纱体而形成毛羽。以上也是前端毛羽占绝大多数的根本原因。

(2) 摩擦产生的毛羽。纤维从被加捻成纱离开加捻三角区后，纱线受导纱钩、隔纱板和钢丝圈的摩擦，使一些原包卷入纱体的纤维端或中段被刮、擦、拉、扯露出纱体，或一些纱线表层纤维被擦断浮出纱体，形成新的毛羽。

(3) 加捻卷绕过程中产生的毛羽。

① 在纺纱加捻卷绕过程中，特别在加捻卷绕区域，由于离心力的影响，使已捻入纱中的纤维端被甩出形成毛羽，这种概率随离心力增大而增大。

② 在加捻过程中，外来的飞花和短绒附着于纱体而部分捻入纱中，形成不定向的毛羽。

③ 在加捻卷绕中，由于部件不光洁，或在后加工中由于受反复拉伸或与导纱器摩擦等也形成毛羽。

④ 由于清洁不及时，外来纤维附着于纱条也形成浮游毛羽。

2. 后工序毛羽产生的原因

络筒、整经、穿经、卷纬等工序均会使纱线的毛羽数增加、毛羽长度变长，其主要原因是各种机件对纱线的摩擦。

第二节　纱线毛羽的种类与检测

一、纱线毛羽及其形态

毛羽是指在成纱中，纤维由于受力情况和几何条件不同，使纤维伸出纱线。毛羽的形态比较复杂，但一般都呈复杂的空间分布。将纱线置于毛羽仪进行观察，其形态大致可分为七种：顺向毛羽、反向毛羽、双向毛羽、端毛羽、圈向毛羽、浮游毛羽和乱向毛羽。

1. 分类和形态

纤维伸出纱线主体表面的部分称为毛羽。纱线纵向和横向投影中的毛羽如图 6-2 所示。纱线毛羽的形态是错综复杂的，一般可作如下分类。

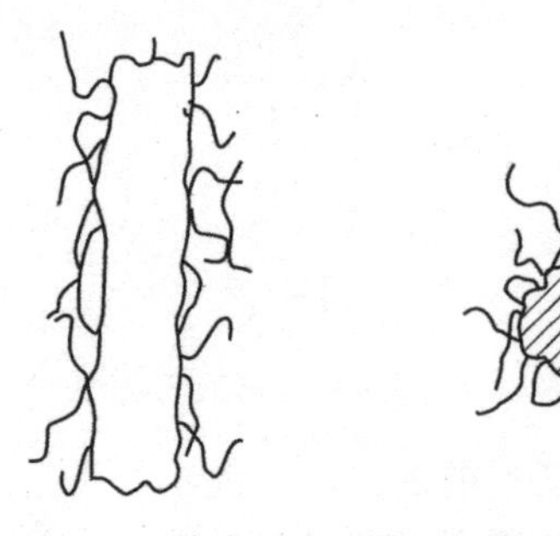

图 6-2 纱线纵向和横向投影中的毛羽

(1) 按纱线断面分类。

① 端毛羽。纤维的端部伸出纱线表面，而纤维的其余部分则伸入纱芯。

② 圈毛羽。纤维的两端同时伸入纱芯，而纤维的中部则露出表面。

③ 浮游毛羽。附着于纱线表面的松散毛羽。

(2) 按纱线轴向分类。

① 顺向毛羽。纤维端顺着纱线输出方向的毛羽。

② 反向毛羽（倒向毛羽）。纤维端逆着纱线输出方向的毛羽。

③ 双向毛羽。顺、倒向交叉分布的毛羽。

④ 乱向毛羽。由于纤维（特别是短纤维）凝聚，黏附在纱上的无定向分布的毛羽。

部分毛羽的基本形态如图 6-3 所示。

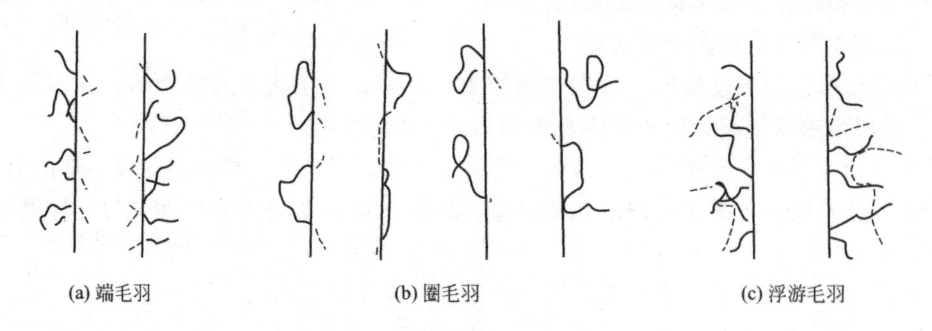

(a) 端毛羽　(b) 圈毛羽　(c) 浮游毛羽

图 6-3 部分毛羽的基本形态

2. 毛羽分布

毛羽分布有一定的规律，与品种也有一定的关系。纱线毛羽一般长短不一，据资料分析，0.5mm 的毛羽约占毛羽总数 60%，1～3mm 的毛羽占 35%左右，3～4mm 的毛羽约占 4%，5mm 以上的毛羽约占毛羽总数的 1%。另有测试表明，环锭纺棉纱的毛羽中，端毛羽占 82%～87%，其中顺向毛羽占 75%左右，倒向毛羽占 20%左右。

纱线毛羽的数量、长度及分布情况是评价纱布外观质量指标之一。过多的毛羽特别是较长的毛羽对整经、正常上浆、织造的生产效率有显著的影响。在织造中造成开口不清而产生

三跳、吊经、纬档等织疵，影响织造效率。

二、纱线毛羽的指标

纱线毛羽的指标包括毛羽指数和毛羽根数。毛羽指数是指伸出纱线表面外所有纤维的累计长度与纱线长度的比值，无单位。毛羽根数是指 10m 长的纱线表面上的毛羽数量。

三、纱线毛羽的检测方法

1. 目测评定法

此方法是将纱线直接绕在黑板上，用目光进行判别评定，特点是方法简便，比较直观，综合性比较强。但这种方法只能作比较判断，没有具体的数据，难免因目光不一而介入主观性，产生误差。

2. 烧毛失重法

这种方法则是将纱线毛羽烧掉后，根据有毛羽纱和无毛羽纱线的重量差值来评定纱线的毛羽。其特点是方便和直观，变化条件多难控制（如火焰温度、纱线速度、纤维品种、回潮率），只能求毛羽总重量，无法计算其数量、平均长度等，准确度低。使用纱线烧毛机要在适当的速度和温度下进行烧毛，然后在同样的实验条件下，将烧过毛的纱线称重。根据这些重量，计算出 1g 纱线烧过毛的重量损失。重量损失越大，则表明纱线毛羽数量越多。这种方法其综合性比较强。

3. 光学投影法原理

连续运动的纱线在通过检测区时，凡大于设定长度的毛羽就会相应地遮挡投影光束，使光电传感器产生信号，经电路工作而记数、显示和输出。该法只能测试一个侧面的毛羽数，与纱线实际存在的毛羽数成正比。

其特点是比较直观，能在景深和视野范围内观察到毛羽的长度、根数和形状等，但取样数量少，代表性差。

4. 静电法原理

利用高压电源使毛羽带电，然后用环形电极将纱线毛羽的静电引出根据毛羽负荷的静电量来评定毛羽的数量。

5. 光电测量法原理

利用附有光学放大系统的光电仪自动检测纱线单位长度的毛羽数量，把光线从纱线的侧面射入，根据摄像浓淡程度改变光电信号强弱。其特点是比较直观，但特数及特数不匀率对该测试方法的测定值影响大，测定意义不明确。

6. 光电计数法

把纱从带有高压静电的两个电极之间通过，使毛羽产生静电，同时通过透镜将毛羽放大，光电管上下移动，即可测定给定长度上的毛羽。该方法涉及透镜系列的景深问题，景深之外的毛羽检测不出来，再者景深界限不明显，测定时不稳定。

7. 扫描法

将纱线投影在电视摄像机上，依靠与纱轴垂直并有一定间隔移动的电子镜来进行扫描，以交叉点记数。这种方法不能单独地表明不等长毛羽的数量。

此外，还有激光法、光学衍射法和气压差法等，下面主要讨论 YG171A 型纱线毛羽测试仪、BT-2 型在线毛羽测试仪、乌斯特-3 型或乌斯特-4 型条干均匀度仪的毛羽测试装置。

四、纱线毛羽的检测仪器

1. YG171A 型纱线毛羽测试仪

YG171A 型纱线毛羽测试仪属于光电投影计数的仪器，其测试结果表示在一定长纱线上伸出纱线主体表面超过一定长度的纤维数量。纱线毛羽的长短、数量及分布情况不仅是评定纱线质量的一个重要方面，而且也是反映纺织工艺好坏和纱线加工机部件质量优劣的一个重要依据。YG171A 型纱线毛羽测试仪采用了微型计算机控制，技术性能与工作原理如下。

(1) 可检测毛羽长度。0.5～6mm 可以连续调节。

(2) 可检测毛羽的长度。30m/min、60m/min。

(3) 观察速度。4.8m/min。

(4) 纱线测试长度。分 1 (mm)、2 (mm)、5 (mm)、10 (mm) 等档。

(5) 单管纱连续测试次数。1、3、6、10 等档，10 管纱测试，每个管纱连续测试次数固定为 10 次。

(6) 主要工作原理。该毛羽测试仪采用红外光电传感器，利用毛羽挡光现象和光电转化原理，把毛羽挡光引起的光敏管接受的光信号，再经过放大整形处理，形成毛羽脉冲信号进行计数测量。

2. BT-2 型在线毛羽测试仪

该仪器使用于生产现场检测纱线毛羽数量的专用设备，主要用于测试上浆前后毛羽数量的变化情况，是改进浆料配方和降低经纱断头，使浆纱质量达到了较高水平，提高织机效率的理想测试仪器，也是准备工序进行质量管理的有效工具。它适用于生产机台上直接检测纱线毛羽的数量，并可以在运转的机台上进行多点测试，并可以直接在络经机、整经机、制线机、烧毛机等生产机台上的毛羽测定，该仪器体积小，使用方便，代表性强，测试精度高，并能报告均匀度、平均值及不匀率等，各种类型的毛纺织厂均可以使用。其主要技术性能与工作原理如下。

(1) 毛羽设定长度。分 1mm、2mm、3mm、4mm 和 5mm 五档。

(2) 检测时间。5s/次、10s/次和 30s/次。

(3) 测试方式。自动连续检测。

(4) 最高纱速。不大于 1000m/min。

(5) 主要工作原理。本仪器利用光电原理，采用了检测纱线单侧面毛羽的方式，当纱线导入导线片后，一侧的毛羽就会经过一束定距离的光束，引起光通量的微弱变化，经过接受放大转变成电信号后，最后计数显示。

该仪器的检测对象是运动着纱线上的毛羽，故毛羽在纱线表面上是立体分布的，其长短扭结形态均不相同，纱线表面形态不能受压，否则会改变其自然状态，纱线运行速度和张力的变化对纱线毛羽的数量有较大的影响。

3. 乌斯特-3 型或乌斯特-4 型条干均匀度仪的毛羽测试仪

其测试原理是根据纱条表面毛羽在红外光照射下的遮光量，间接测量出单位长度纱条表面毛羽累计长度。这种仪器上均匀的平行光线形成测试场，如果将纱线放到测试场内，当一束平行的红外光束照射到纱条上时，纱体遮挡了光束，在接收装置表面形成阴影。

其主要测试特点与方法如下。

(1) 测试特点。测速高，取样量大，测试结果具有可重复性。测试过程完全自动化，其数据和图像均可在屏幕上显示和打印，并可在高速情况下进行，因而测试时间短。测试不用考虑纱线本身的直径，且无须进行纱线体积和伸出纤维的分离，测试方法不受油污、测试速度、杂质和导纱方法等干扰因素的影响，能记录毛羽在纱条长度方向上的变化曲线和频谱图，帮助分析非正常毛羽分布的原因。

（2）评定方法。可以用图示法表示纱线毛羽，可用数学方式给出毛羽平均值，采用变异系数形式确定纱线毛羽的变异情况；采用频谱法可以找到周期性纱线毛羽的变异规律；另外，还可以用频率分布图给出纱线毛羽分布，用不同片段长度确定纱线毛羽的指标。

（3）评定手段。沿纱线长度上的毛羽可以用图表形式和数值形式来反映。

第三节　前纺工序对纱线毛羽的影响

前纺各工序对细纱毛羽的产生有一定的影响，细纱毛羽与半制品质量有一定关系。要减少细纱毛羽，首先要合理选择前纺各工序的工艺参数和保持良好的机械状态，其次应合理选择原料。本节分析了原料性能、梳棉工艺、并条工艺和粗纱工艺等因素对细纱毛羽的影响，探讨为降低细纱毛羽，前纺各工序应采取的技术措施。

一、原料对纱线毛羽的影响

1. 原棉对纱线毛羽的影响

原棉占所有纺织原料的50%以上，棉纤维具有相当的长度、线密度、整齐度、柔软性、强力和弹性等性能。影响纱线毛羽的因素很多而且相当复杂，主要因素有纤维的长度、细度、成熟度和刚度等。

（1）原棉长度与毛羽间的关系。纤维长度越长，毛羽越少，一般来讲纤维的主体长度长、短绒量少的原棉，毛羽数量少。这是因为毛羽大都由纤维端外露形成，因此纱内纤维根数及头尾端愈多，造成毛羽的可能性也愈大。而纤维长度愈短，产生毛羽的概率也随之增加。配棉时纤维主体长度差异要小，主体长度控制在28.5mm以上。

原棉纤维平均长度长，不仅细纱单位长度内纤维根数减少而使毛羽数量减少，而且更容易受加捻扭矩和纤维间摩擦力的作用而使可能伸出的头端长度减短，纤维越短，整齐度越差，头尾端露出纱线主体外的概率越大。

（2）纤维细度对毛羽的影响。纤维细度对成纱毛羽的影响较复杂。成纱特数不变时，纤维越细，纱线内根数就越多，纤维头端伸出纱体的可能性就越大。粗纤维纺纱时，纱线截面内的纤维根数减少可使成纱毛羽减少，但是粗纤维一般较短，其抗扭和抗弯刚度大，又将使成纱毛羽增加。另外，环锭细纱机加捻时，短纤维因所受张力和向心力较小，与周围纤维接触较少，易被长纤维挤向纱体表面而成为毛羽。环锭细纱机加捻时纤维内外层转移过程中，粗短纤维易被细长纤维挤向纱线表层而成为毛羽。所以，综合结果是纤维粗，毛羽多，纤维细，毛羽少。

（3）纤维的抗扭强度和抗弯刚度对毛羽的影响。纤维刚度大时，纤维端（头或尾）伸出纱体的可能性就大，所形成的毛羽数增加。刚度越大，容易形成毛羽且长度较长，所以实际生产中刚度大的纤维配比不能超过25%，同时纤维成熟度应控制在1.55～1.56的范围内。

纤维的抗扭强度和抗弯刚度越大，将纤维扭转和弯曲的难度越大。一方面纤维越难完全捻合到纱体之中；另一方面已捻入纱体的纤维端伸出纱体的可能性就大，又有可能“弹”出纱体，细纱毛羽产生的概率就越大。

（4）成熟度、断裂长度与细纱毛羽间的关系。成熟度太大，纤维刚性大，抱合性差，使毛羽增多；成熟度小，纤维强力小，易折断且再生短绒增多，使毛羽增加；短绒率高时，单位体积内纤维头端根数增加，毛羽增加；纤维整齐度好时，毛羽则相应少些。因此在实际生产中，配棉时要注意回花比例。

成熟度过大或过小，纤维刚性大，抱合力差；纤维强力小，易折断，短绒多，细纱毛羽数量多。断裂长度越大，强力越高，在加工过程中产生的短绒少。实验证明，成熟度适中，断裂长度大的原棉，其成纱毛羽较少。

（5）棉纤维单强和断裂强度对细纱毛羽的影响。单纤强度大，断裂强度增加时，棉纤维在加工过程中不易断裂，成纱毛羽越少。棉纤维强力不仅与纤维粗细有关，而且与纤维品种及成熟度有关。长绒棉细度细，长度长，成熟度佳，单纤维强力大，故细纱毛羽少。

2. 合成纤维对纱线毛羽的影响

合成纤维的物理性质、化学性能（如细度、卷曲度、含油率等）对纱线毛羽都有很大的影响。常见的混纺纱是涤/棉混纺纱，由于涤纶是疏水性纤维，吸湿性很差，导电性也差，在纺纱和织造中产生的电荷一时不能散逸，容易形成静电积聚，使涤棉混纺纱带电。在混纺时不同涤纶的结构不同，毛羽数量的多少也不同。低强高伸型纤维随着伸长率的增加，使纤维结构的结晶度、取向度、比重等数值下降。结晶度下降，可导致晶体间定向排列密度变稀，使纤维脆性增加，单纤维强力下降。上述数值的变低会使纤维卷曲度变差，造成纱的加捻能力差，摩擦系数变高，从而使摩擦所产生的静电荷堆积量大，在纺纱中纤维间相互排斥，使毛羽数量增加。

（1）合成纤维中的疵点，如并丝、超长丝等对纱线毛羽影响大。有的并丝、超长丝可在梳棉工序中除去，但还有一部分直径较小的并丝、超长丝会留在纱条中或裸露在纱身表面，形成毛羽。

（2）合成纤维的油剂含量高低同样影响毛羽数量的多少。

（3）合成纤维弹性好，刚度大，纤维间抱合力差，在成纱过程中头端外露形成毛羽。

（4）合成纤维的比电阻大小也影响纱线毛羽。比电阻大，在纺纱中，易产生静电，直接影响纤维在工艺过程中的顺利牵伸，在表面形成毛羽。

综上所述，在原料选配时，应按照成纱对毛羽的要求，控制好纤维的细度、长度、整齐度及短绒率，为减少成纱毛羽创造良好的条件。纺化纤时，要注意油剂含量适当。油剂含量过少，纺纱过程中易产生静电，引起须条发毛；油剂含量过多，油剂剥落使通道部分黏附纤维的现象严重，也会使梳棉、并条工序半制品发毛。

二、开清棉工序对细纱毛羽的影响

开清棉工序的重点是要减少纤维的损伤，以降低细纱的毛羽数量。因为开清棉工序对纤维的损伤，在后道工序会形成短绒，导致成纱毛羽增加。一般开清棉工序的短绒率和原棉短绒率相接近，即产生的和排除的短绒量基本相等。但是，开清棉工序对纤维的损伤，将会在后工序中形成短绒，使成纱毛羽增加。开清工序应先自由打击，后握持打击，以梳代打，以减少纤维的损伤，如用梳针、锯齿等打手来替代原先的刀片打手，适当减慢打击机件的速度等。清花机打手状态和主要机件的车速要适当控制，以减少纤维损伤，降低短绒率，使纤维

在后道工序中抱合紧密，减少絮乱纤维和头端纤维根数。清花工序要减少纤维损伤，在生产中应执行“少打多松，通道光洁，轻定量，中速度，薄喂入”的工艺原则。

三、梳棉工序对细纱毛羽的影响

1. 梳棉机工艺参数

梳棉工序应以减少纤维损伤，多排除短绒为主。梳棉工序既能排除短绒，也会产生短绒，一般产生的量多于排除的量。因此，应适当降低刺辊速度，选择合适的给棉板分梳工艺长度以减少对纤维的损伤；改善纤维的转移状态，减少弯钩纤维的形成，以减少下道工序短绒的增加；完善吸尘装置以有效地排除短绒等。在工艺设计时，要适当降低梳棉机整体梳棉速度，提高锡林与道夫的速比，适当放大盖板与锡林间的隔距，保证纤维分梳缓和，提高棉网清晰度。适当降低刺辊的速度，选择合适的给棉板分梳工艺长度，以减少纤维的损伤。适当提高盖板速度，以增加对短绒的排除；以减少纤维损伤和短绒，保证通道光洁，无毛刺，适当提高张力牵伸，减少弯钩纤维和棉结数量。

梳棉机落棉率适当提高，排出的短绒增加，纤维间抱合力和摩擦力增加，纤维间接触长度长，受外力作用时，有利于提高纱条中纤维的伸直平行度，改善条干，降低细纱毛羽数量。同时，梳棉机车速要适当控制，以减少纤维弯钩的发生率，从而降低毛羽的产生。

2. 梳棉机设备状态

提高纤维的分梳转移，减少短绒是减少毛羽数量的关键。采用新型针布，提高针布针刺的平整锋利度，保证良好的梳理度，使纤维在锡林盖板间能够良好的分梳和转移，有效地排除结杂，分离纤维束，减少损伤纤维数量。完善吸尘装置，有效排除短绒。减少纤维绕锡林和冲塞盖板，提高针布的分梳穿刺能力，减少纤维弯曲扭结数量，增加盖板落棉率，增加对纤维的吸收及释放能力对减少细纱毛羽十分有利。

四、精梳工序对细纱毛羽的影响

精梳小卷中，无并卷的比有并卷的毛羽少，小卷定量重的比定量轻的毛羽少。生产实践证明，适当降低精梳准备牵伸倍数（预并和条卷牵伸倍数之积），对减少细纱毛羽十分有利。试验结果见表 6-1 和表 6-2。

表 6-1　小卷定量与细纱毛羽间的关系

项　目	小卷定量(g/m)					
	50	55	60	65	70	75
2mm 毛羽根数(根/10m)	243.57	233.47	220.01	200.00	198.42	194.02
3mm 毛羽根数(根/10m)	58.87	57.32	54.32	49.38	43.97	40.08

注：品种为 CJ14.5tex，E7/6 型精梳机。

表 6-2　不同牵伸倍数与细纱毛羽间的关系

牵伸倍数(倍)	12.1108	10.0138	8.7085	704201
2mm 毛羽根数(根/10m)	223.48	190.42	180.34	160.07
3mm 毛羽根数(根/10m)	84.12	76.98	70.77	60.02

注：1. FA302 型预并条机，FA356A 型条卷机，E7/6 型精梳机。

2. 品种 CJ11.5tex。

精梳工序要加强对短绒的排出，适当增加精梳落棉。随着精梳落棉率增加和精梳条短绒含量的减少，细纱毛羽减少。由于精梳机落棉率关系到纺纱成本，所以要根据具体的情况，合理选择和确定。精梳纱棉条排除了一定数量的短绒，纤维的伸直平行度改善，和普梳纱相比，毛羽较少。精梳落棉率大小与毛羽量成反比关系。由于精梳机能有效地排除短绒和结杂，使短绒率减少，所以当精梳机落棉率增加时，毛羽量相应减少，反之毛羽量上升。由于精梳条较熟，易碰毛，所以精梳各通道和棉条筒必须光洁，挡车工操作时要注意不碰生棉条，提高半制品光洁度，降低须条表面上的浮游纤维，以降低成纱毛羽。

精梳工序应加强对短绒的排除，合理控制精梳落棉率是一项重要措施。研究表明，随着精梳落棉的增加，成纱毛羽数减少，但是落棉率增至一定程度后，毛羽减少的幅度降低。因精梳落棉率关系到纺纱成本，所以应根据具体要求，合理确定。

五、并条工序对细纱毛羽的影响

并条工序的重点是优化牵伸工艺，提高纤维的伸直度。具体讲，在普梳纺纱系统中，采用头并后区牵伸大、二并后区牵伸小的牵伸工艺有利于纤维伸直，可减少成纱毛羽。因头并后区牵伸大（1.66～1.89 倍），有利于对前弯钩的伸直；二并后区牵伸小（1.15～1.35 倍），先进行整理，然后让主牵伸区较大的牵伸倍数集中牵伸，有利于后弯钩纤维的伸直。

从大量实验和布面分析可知，二道并条毛羽少，三道并条毛羽多，生条倒向后上并条可减少细纱毛羽；并条的喇叭口应偏小，缩小圈条器喇叭口径，使条子圈放紧密，表面光滑，防止条子发毛；改善通道堵塞现象，提高熟条质量，通过增加纤维间的抱合力和摩擦力，减少成纱毛羽。生产过程中按“中定量、重加压、顺牵伸、中捻度、小张力和适当的罗拉隔距”的原则，对降低细纱毛羽十分有利。并条机牵伸倍数对细纱毛羽的影响见表 6-3。

表 6-3　并条机牵伸倍数对细纱毛羽的影响

头并后区牵伸(倍)	1.280	1.720	1.840
末并后区牵伸(倍)	1.718	1.234	1.180
2mm 毛羽根数(根/10m)	239.49	210.02	189.98
3mm 毛羽根数(根/10m)	74.32	69.02	54.07

注：品种 C18.4tex。

由表 6-3 可见，采用顺牵伸的工艺原则，有利于提高纤维伸直平行度，改善熟条内部结构质量，对改善细纱条干，减少细纱毛羽极为重要。

六、粗纱工序对细纱毛羽的影响

粗纱工序的重点应放在增加须条的密集程度，改善粗纱的光洁度上。在细纱不出硬头的前提下，粗纱捻系数以偏大掌握为好。较大的捻系数能提高细纱机后牵伸的控制能力，经后区牵伸后留有部分捻回，有利于前区提高须条紧密度，增加前区控制力，改善条干，减少毛羽。适当增加粗纱机前胶辊前冲量，以加强对粗纱加捻三角区纤维的控制，使粗纱纱身光洁；若粗纱条的表面不光洁，可以在细纱加工中导致毛羽增多。因此，除了要控制粗纱上的条粗通道保持光洁，卷捻部分机械状态良好外，要适当增加粗纱车间的相对湿度和粗纱回潮率，采用双胶圈牵伸机构，在主牵伸区采用合适的集合器，以及良好的纤维条通道状态和钳口压力；适当减轻粗纱定量，增加后区牵伸倍数，使用适当小的钳口隔距，适当增加粗纱轴向密度，粗纱保持良好的结构和光洁度，均能降低细纱毛羽，试验结果见表 6-4～表 6-7。

表 6-4　粗纱定量、后区牵伸与细纱毛羽间的关系

品　种	粗纱定量(g/10m)	后区牵伸(倍)	毛羽根数(根/10m)	
			2mm	3mm
T/C 65/35 13tex	4.38	1.41	159.98	64.30
	4.12	1.35	149.08	57.21
	4.02	1.30	137.32	47.54

注：中区集合器口径为 6mm×4mm，前区集合器口径为 10mm。

由表 6-4 可见，粗纱定量偏轻掌握，可减少细纱和总牵伸倍数，有助于减少纤维在牵伸中的移距偏差，改善条干和纱条光洁度，减少成纱毛羽数量；粗纱后区牵伸倍数偏小掌握，有利于提高粗纱和细纱的条干水平，降低细纱毛羽的数量。

表 6-5　粗纱前胶辊位移量与细纱毛羽间的关系

胶辊前移量(mm)	0	1	1.5	2.0	2.5
2mm 毛羽根数(根/10m)	268.41	200.18	180.72	196.98	212.04
3mm 毛羽根数(根/10m)	12.38	97.38	89.32	93.38	98.37

注：A454G 型粗纱机，品种 C27.8tex，胶辊为普通软弹胶辊。

由表 6-5 可见，粗纱胶辊适当前移，可减少纤维在罗拉上的包围弧，有利于粗纱加捻，提高粗纱中纤维的紧密度和条干水平，使粗纱表面光洁。经细纱牵伸加捻后，纤维不易伸出在纱干之外而形成毛羽。

表 6-6　粗纱回潮率与细纱毛羽间的关系

粗纱回潮率(%)	2.35	3.24	4.68
2mm 毛羽根数(根/10m)	168.18	157.40	179.89
3mm 毛羽根数(根/10m)	68.10	54.73	73.42

注：品种 T/C 60/40 13tex。

试验表明，适当提高粗纱回潮率，有利于降低涤纶的扭转刚度和抗弯刚度，减少纤维伸出纱体的概率，提高棉纤维的强力，使棉纤维的分离度、伸直平行度提高，可改善静电现象对纤维的排斥作用，从而减少成纱毛羽。

适当提高粗纱回潮率和粗纱车间的相对湿度，使粗纱回潮率不低于 6.5%，通常掌握在 6.5%～7.5%，有利于粗纱加捻，使粗纱须条光洁。

表 6-7　集合器口径与细纱毛羽间距离

	中区集合器 6×4mm 前区集合器(mm)	毛羽(根/10m)	
		2mm 毛羽	3mm 毛羽
品种 CJ14.5	12	256.98	83.42
	8	230.00	76.37
	6	199.92	64.27

注：钳口隔距为 5mm。

由表6-7可知，采用口径偏小的集合器，能增加须条间的紧密程度，改善粗纱内部结构和光洁度，可以加强细纱加捻三角区纤维的控制，可增加纤维抱合紧密，阻止纤维头端外露，有利于纤维在加捻中进一步增加抱合，使纤维头尾端不易伸出在纱干之外而形成毛羽，从而控制毛羽。

梳棉机、并条机、粗纱机上都装有各种形式的喇叭头、集棉器等，其光洁与否、开口大小和几何形状对纱线毛羽有着很大影响。

综上所述，在粗纱工序，应适当选择合理的工艺参数，控制好粗纱的内在质量和外在质量，采取有效的技术措施，如粗纱选择适当定量；选用合适的假捻器，选用橡胶材料光滑圆锥面假捻器，利用圆锥面高摩擦因数达到假捻目的，粗纱的光洁程度明显改善。选择适当偏小的钳口隔距等，均能为减少细纱毛羽创造良好的条件。试验表明，适当增加粗纱捻系数也可以减少成纱毛羽。

降低细纱毛羽是一项系统工程，细纱毛羽涉及原料性能、前纺各工序工艺参数、设备状态、温湿度控制等。前纺各工序应适当控制车间温湿度，提高纤维伸直度，减少短绒和弯钩纤维。清棉工序应采用“少打多松，通道光洁，轻定量，中速度、薄喂入”的工艺原则；梳棉工序选择合理的速度和隔距，多排短绒，适当提高落棉率，减少纤维损伤，可以提高细纱条干，减少细纱毛羽数量；精梳采用的小卷重量应偏重掌握，适当降低精梳准备牵伸倍数，适当提高落棉率，对减少细纱毛羽十分有利；并粗工序合理配置牵伸和加捻卷绕部分的工艺，如采用顺牵伸工艺，适当增加加压量，适当提高粗纱捻度、卷绕密度和回潮率，适当减轻粗纱定量等，均可降低细纱毛羽数量。

七、 车间温湿度对细纱毛羽的影响

生产实践证明，原棉回潮率过大，不利于原棉的开松、分梳和除杂，使生条中短绒增加，在原棉成熟度低、杂质短绒多时更明显。回潮率太低，棉纤维刚性增加使纤维易受损伤，以至生条中短绒增加。所以应控制好车间的温湿度，使车间保持适合而稳定的温湿度，对减少细纱毛羽十分有利。

第四节 细纱工序对纱线毛羽的影响

纱线毛羽产生于细纱工序，主要有牵伸区形成的毛羽、加捻三角区形成的毛羽、摩擦区产生的毛羽。只有靠合理的工艺设计参数和良好的纺纱条件才能减少毛羽。

一、细纱机的工艺参数

1. 不同钳口隔距和集合器对成纱毛羽的影响（表6-8、表6-9）

表6-8 不同钳口隔距与成纱毛羽间的关系

品　　种	T/C 65/35 13tex					C14.5tex				
钳口隔距(mm)	0	2	2.5	3	3.5	0	2	2.5	3	3.5
2mm 毛羽(根/10m)	158.78	150.28	151.28	154.76	160.21	178.51	142.7	150.21	174.2	180.2
3mm 毛羽(根/10m)	68.43	59.31	61.28.	62.11	69.48	70.21	53.4	63.2	64.2	80.21

表 6-9 集合器与成纱毛羽间的关系

集合器开口(mm)	0	1.6	1.8	2.0	2.2	2.4	2.6	3.0
4mm 毛羽数(根/10m)	68.64	62.26	56.28	49.67	49.98	50.21	50.78	59.11
条干 *CV* 值(%)	16.8	16.6	16.4	16.0	15.8	16.1	16.4	16.7

注：1. 品种 T/CJ 65/35 13tex，钳口隔距 2.5mm。

2. FA502A 型细纱机。

钳口隔距由隔距块的厚度决定，由表 6-8 可以看出，不用或采用偏大的钳口隔距，对减少细纱毛羽不利。采用较小的钳口隔距，可使须条的扁平截面宽度变小，其周长也变小，减小纤维间向外扩散的程度，减少成纱毛羽。由表 6-9 可知，不用或采用不适当的集合器，毛羽均增加。集合器的适当选用，可使须条两边的纤维受到控制，防止纤维扩散，改善条干，增加纱线中纤维的紧密程度，降低毛羽发生的概率。

2. 胶辊硬度对成纱毛羽关系

由表 6-10 试验结果可知，5 种不同的胶辊外层硬度下纺纱的毛羽数不同。随外层硬度下降，其毛羽数下降，这是因为在保证胶辊耐磨的情况下，降低胶辊硬度，增加胶辊弹性，可使胶辊对纤维的握持力加强，横向摩擦力界扩大，对边缘纤维的握持加强，阻止纤维提前变速，使纤维变速点前移且集中，相应缩短浮游区和加捻三角区，对降低成纱毛羽和改善条干十分有利。

表 6-10 胶辊外层硬度对成纱毛羽的影响

外层胶辊硬度(°)	74	72	70	68	65
2mm 毛羽(根/10m)	164.21	158.70	156.21	148.72	144.78
3mm 毛羽(根/10m)	68.21	66.17	64.58	64.21	58.21
条干 *CV* 值(%)	16.01	15.48	14.21	13.98	13.62

注：1. 品种 CJ14.5tex，胶辊内层硬度为 90°。

2. FA506 型细纱机，锭速 16000r/min。

3. 锭速对成纱毛羽的影响

在纺纱特数和纤维细度一定的条件下，锭速超过一定的范围后，毛羽数随锭速的增加而增加。这是因为锭速越高，加捻卷绕过程中，纱线受到的离心力越大，促使已捻入纱中的纤维或正在加捻的纤维被甩出纱体形成毛羽。纺 T/C 70/30 13tex 时，选用 6 种不同的锭速，纺纱后分别测试毛羽，结果见表 6-11。

表 6-11 不同锭速与成纱毛羽间的关系

锭速(r/min)	17800	17200	16800	16200	15800	15400
2mm 毛羽(根/10m)	164.78	160.21	154.29	150.32	148.32	140.28
3mm 毛羽(根/10m)	68.21	66.21	60.78	54.98	53.97	43.11
断头率(根/千锭时)	47	45	43	40	38	34

注：1. 品种 T/C 70/30 13tex。

2. FA506 型细纱机。

由表 6-11 可见，纺 T/C 70/30 13tex 时，当锭速由 17800r/min 降至 15400r/min 时，2mm 毛羽约下降 15%，3mm 毛羽约下降 37%。这说明在纺涤/棉混纺纱时，锭速增加与成纱毛羽数增加成正相关关系，随着锭速增加毛羽数增加是较显著的，此外，高锭速造成的高发热，导致静电的聚集，也加速了毛羽的增加。

4. 前胶辊位置对成纱毛羽的影响（表 6-12）

表 6-12　前胶辊位置与成纱毛羽间的关系

纱线毛羽	胶辊前移量(mm)				
	0	2	3	4	4.5
2mm 毛羽(根/10m)	179.48	164.57	160.21	159.98	159.21
3mm 毛羽(根/10m)	72.21	68.28	58.21	56.91	55.98

注：1. 表中数据是 C29tex 和 C24tex 的平均值（配棉情况相同）。

2. FA502A 型细纱机，锭速 14370r/min。

由表 6-12 试验结果可见，在细纱机上，将牵伸区前胶辊向前罗拉适当前移，一方面有利于加捻，另一方面也减少纤维在前罗拉上的包围弧和加捻三角区，因而减少毛羽。当前移量在 0～3mm 范围内，毛羽数量显著减少。当前移量在 3～4.5mm 范围内，前移量增加时，细纱毛羽数减少幅度的变小。

二、细纱机的设备状态

1. 隔纱板材料的影响

纺纱过程中，气圈与隔纱板碰撞和摩擦也会使毛羽增多。当锭速增加，隔纱板的材料性能和表面光滑程度对毛羽影响也较明显。尼龙、塑料隔纱板在涤/棉混纺中易产生大量静电，使毛羽明显增多。薄铝板隔纱板产生静电轻微，毛羽较少。通过大量测试分析和调查，发现塑料隔纱板产生的毛羽最多，尼龙隔纱板次之，薄铝板隔纱板最少。

2. 器材因素

选用适当口径的新型集棉器、新型硬度较低的胶辊、内外花纹胶圈、较小孔径的导纱钩。采用细纱机变频调速技术等，可以很好地减少纱线毛羽。

3. 其他因素的影响

(1) 纱线各通道要光洁，以免挂花，使纱条发毛，各种纺纱器材和容器要光洁不挂花。

(2) 挡车工要严格执行操作法，加强清洁，在操作中要严防半制品挂花，而影响后工序的加工，增加毛羽。

(3) 由于纤维受温湿度影响大，所以在不影响正常生产的情况下，适当提高条粗、细纱、络筒工序的相对湿度和半制品回潮率，在生产中湿度要偏大掌握。

(4) 罗拉隔距要与纤维长度相适应，最大限度地减少浮游纤维量；细纱机后区牵伸倍数要与粗纱机捻系数适当配合，这样既能防止纤维扩散，又能加强对纤维运动的控制。在前区选用适当的集合器，可使毛羽降低 50%～60%（2mm 以上毛羽）。

(5) 为增加纤维集合，控制短纤维，在考虑条干影响时，可采用减小后区牵伸和较小口径的集合器，适当提高粗纱捻系数，使须条在牵伸时不至于过分扩散，从而减少毛羽的产生。

(6) 导纱钩表面毛糙不光洁及导纱钩在纱线通道位置磨损起槽，增加了对纱线磨损，故毛羽增加。选用较小孔径的导纱钩，可减小气圈，使纱条与导纱钩的接触面积减小，有利于

捻度传递和降低毛羽数量。同时，为减少纺纱中对纤维的摩擦，应使纱线通道光洁，减少导纱角，尽量减小接触面积，导纱角一般为15°～25°为宜。

（7）控制细纱机锭速，减少毛羽。因为锭速增加纱线与钢丝圈及导纱钩接触压力增加，摩擦力增加，并且钢丝圈速度也增加，使钢丝圈运行不平稳，同时纱线离心力增加，使纤维容易从纱体中甩出形成毛羽。

（8）胶辊软和表面性能对须条的握持力有直接影响，当胶辊软度增加，可减小浮游区长度，增加对钳口的握持力，减小加捻三角区的宽度和长度，有效控制纤维，从而减少毛羽。

（9）细纱捻系数对成纱毛羽有很大影响，适当增加捻系数，以增加纤维的约束力，使纤维头端不易从纱线中滑出，有利于减少毛羽。

（10）钢领与钢丝圈要适当配合，钢丝圈过轻，运行则不平稳，使纱线气圈与隔纱板摩擦加大。同时钢丝圈运动的接触面积要大，可减少压强及热磨损，增强运转中的稳定性。钢丝圈圈型的选择要与纺纱特数相适应，纱粗时钢丝圈圈型宜大。在生产中要掌握好钢丝圈、钢领的走熟期、稳定期和衰减期三个阶段，按期更换钢丝圈和钢领。钢丝圈重量影响纺纱张力的大小及捻度的传递，从而影响纱线毛羽。钢丝圈太重，纺纱张力大，使钢丝圈对纱线的摩擦增加，纱线断头增加，钢丝圈太轻，纺纱张力过小，气圈过大造成纱线碰隔纱板，这些都会使毛羽增加。

（11）纱线捻系数选择不当也会造成毛羽。捻系数过小，向心压力小，纱条松散，纤维容易形成毛羽；捻系数过大，纱线过硬，同样造成毛羽增加。

（12）环锭纱毛羽比气流纺纱多，细纱机前区使用集合器可减小加捻三角区，使成纱结构紧密光滑，有利于减少毛羽。细纱机前胶辊前移0～3mm有利于加捻，同时可减少毛羽。胶辊硬度的减少，可缩短纤维浮游区，同时使加捻三角区的长度和宽度减少，可有效控制须条中纤维的运动，减少毛羽的产生。

（13）毛羽在钢丝圈走熟期较多，在稳定期较少，在衰退期又增加。适当加重钢丝圈重量，可减少毛羽数量。同时可调整纺纱张力，控制气圈与隔纱板的撞击和摩擦，从而减少毛羽的产生。

（14）毛羽随钢领直径的增大而减少，同时钢领更换周期也与成纱毛羽有关，所以要及时对衰退钢领抛光或回磨处理。

综上所述，在细纱工序，优良的纺纱器材是减少纱线毛羽的关键和基础。细纱工序成纱毛羽产生的原因是多方面的，纺纱工艺参数、纺纱器材的机械状态、各种纺纱器材的光洁状态、运转操作情况及车间温湿度情况等均影响成纱的毛羽。合理配置细纱后区牵伸工艺和加捻工艺参数，是减少纱线毛羽的一项有效措施。

知识扩展：细纱工序减少纱线毛羽的新技术

钢领、钢丝圈是环锭细纱机纺纱过程中加捻卷绕的重要部件，其配合的好坏直接影响纺纱张力大小和钢丝圈对细纱的摩擦力。在钢领、钢丝圈使用的一个调换周期内，存在走熟期、稳定期和衰退期。在稳定期，钢领、钢丝圈配合状况好，钢丝圈运动稳定，纺纱张力波动小，摩擦力小，细纱毛羽增加较少；在走熟期和衰退期，钢领、钢丝圈配合状况差，纺纱张力波动大，摩擦力加大，细纱毛羽增加较多。如德国Tec公司开发的陶瓷钢领和钢丝圈；瑞士立达公司开发了Orbit钢领、钢丝圈；镀氟钢丝圈使用寿命长，走熟期和衰退期短，稳定期长，使用周期长，断头少，磨损小，可以减少细纱毛羽。

新亚光钢领光洁度高，耐磨性好，摩擦系数小，使用寿命长。

新型合金钢领工作面均衡光滑，表面粗糙度一致，摩擦系数稳定，运转平稳，表面硬度大，抗热性能好，耐磨损。其表面有一层极薄的自润滑层，使钢丝圈在润滑条件下运转，新钢领上车后不需要走熟期。

BC6 型钢领、钢丝圈使用周期长，断头少。

由于钢领、钢丝圈的摩擦作用，使得纱线毛羽产生并显著增加。针对这种情况开发的 SUPER 滚动钢丝圈技术取代了传统的钢丝圈，使钢领与钢丝圈的滑动摩擦变为滚动摩擦，结果使细纱毛羽明显地减少。

环锭细纱机采用计算机模拟控制整个纺纱过程中大、中、小纱的纺纱速度，有利于稳定纺纱张力，使钢丝圈运转稳定，可减少细纱毛羽。

气圈控制环不仅能把较大的气圈分成两个较小的气圈，而且能在较小的纺纱张力下保持稳定又正常的气圈形状，从而减少气圈与隔纱板的碰撞和摩擦，产生较少的静电，有助于减少细纱毛羽。气圈环位置高低对产生细纱毛羽产生影响显著，所以气圈环高度应适当选择。

采用螺旋形气圈环，能改变气圈形态，使产生的螺旋线呈现顺时针上升。减少气圈节距，从而减少纺纱张力，明显降低细纱毛羽数量。

思考题

1. 叙述纱线毛羽对纱线质量和布面质量及外观的影响。
2. 叙述纱线毛羽的定义及其形态。
3. 叙述纱线毛羽的指标和检测方法。
4. 叙述前纺工序对纱线毛羽的影响。
5. 叙述细纱工序对纱线毛羽的影响。

第七章　纱疵的分析与控制

本章知识点

1. 纱疵的概念。
2. 纱疵的分类。
3. 常发性纱疵的特征和形成原因。
4. 突发性纱疵的特征和形成原因。
5. 纱疵的分析方法。
6. 减少纱疵的重要性和意义。
7. 纱疵防治的主要方法。
8. 纱疵的控制。

第一节　纱疵的概念、分类和意义

一、纱疵的概念

1. 纱疵

纱疵是指纱的疵点，也就是指在纺纱过程中所产生的疵点。广义的纱疵是指纺纱各工序产生的疵点，以及纺纱过程中未发现的而在后加工过程中所出现的疵点。狭义的纱疵是指纱和线上的疵点。

由于原纱产生的疵点织入布面造成的外观疵点，即反映在布面上的疵点统称布面纱疵，包括影响布降等的疵点和不影响布降等的疵点。

布面纱疵包括以下几种。

(1) 经向明显纱疵。如竹节、粗经、多股经、双经、松经、紧经、油经、花经、结头等。

(2) 纬向明显纱疵。如错纬、条干不匀、双纬、缩纬、油纬、花纬、煤灰纱等。

2. 纱疵率

纱疵率是指在布面上暴露的纱线上的四种疵点，即粗经、错纬、竹节纱和条干不匀，一处满 10 分造成布降等的匹数占总生产匹数的比例。

3. 10 万米纱疵

也称偶发性纱疵，它分短粗节、长粗节、长细节三种，按截面变化百分率大小与纱疵长度的不同分成 27 级。纱疵截面比正常纱粗 70%以上，长度在 8cm 以下称短粗节，其中粗 100%以上的有 16 级，粗 70%～100%的有 4 级，共有 20 级（A_0、A_1、A_2、A_3、A_4、B_0、B_1、B_2、B_3、B_4、C_0、C_1、C_2、C_3、C_4、D_0、D_1、D_2、D_3、D_4）。长度在 8cm 以上，截面在 45%以上者称长粗节，长粗节按面大小与长度的不同分成三级（E、F、G），截面比正常纱细30%～75%，长度在8cm以上者称长细节，长细节中按截面大小与长度的不同分成四级（H_1、H_2、I_1、I_2）。长粗节和长细节共有7级。

国家标准GB/T 398—98棉本色纱线规定，以纱疵分级仪测得的10万米纱线的纱疵数（$A_3+B_3+C_3+D_2$）作为纱线分等内容。纱线疵点的分级与检验方法见行业标准FZ/T 01050。国家标准规定，梳棉纱、精梳纱、梳棉起绒纱、精梳起绒纱、针织梳棉纱和针织精梳纱优等及一等10万米内纱疵数分别为20个/10万米、10个/10万米、20个/10万米、10个/10万米、20个/10万米、15个/10万米和40个/10万米、30个/10万米、40个/10万米、30个/10万米、50个/10万米、40个/10万米。

4. 常发性纱疵

包括粗节、细节和棉结三种，以每千米个数计值。一般规定，细节－50%，即细节处截面小于、等于纱线平均截面的50%；粗节＋50%，即粗节处截面大于、等于纱线平均截面的150%；棉结＋200%（环锭纱），即截面大于、等于纱线平均截面的200%，转杯纺纱为＋280%。

以上三种纱疵内容不同，产生的原因也有所不同。在实际生产中，采取有效的技术措施，减少纱疵的方向、途径、方法和难度等也有较大的差异。

二、纱疵的分类

1. 按纱疵出现的规律分类

（1）随机性纱疵（常发性纱疵）。指随机产生的零星出现的布面纱疵。该纱疵大多数无明显的规律，一般是由操作与管理不当造成的。

（2）突发性纱疵（偶发性纱疵）。突然发生、大批量出现的布面纱疵。该纱疵大多有一定的规律，一般由机械因素的。

2. 按纱疵形成的原因分类

① 长片段重量分布不均匀形成的纱疵，如错纬、错经。

② 短片段重量分布不匀形成的纱疵，主要包括竹节、条干不匀。

③ 捻度过多或过少形成的纱疵，主要包括白纬、紧捻、纬缩等。

④ 纤维污染、油渍、混杂色纱、煤灰浸入、夹杂质或混合不匀等形成的纱疵，主要包括油经油纬、油花纱、煤灰纱、布开花、色经纬、花纬等。

⑤ 纱线卷绕成形不良造成的纱疵，如脱纬、稀纬、百脚。

⑥ 其他与纺纱工序有间接关系，而影响织疵的纱疵，主要包括结头、棉球、烂边等。

在以上各种的纱疵中，粗经、错纬、条干及竹节等是纺部产生的主要纱疵；纬缩、脱纬、稀纬、色经纬、油经、油纬、百脚和烂边等疵点，在纺部、织部均可能产生。

三、纱疵的统计方法

纱疵的统计方法包括以下三种。

（1）棉布入库纱疵率。指棉布在修织后，入库前，由于纺部原因一次性降等的次布对总验布量的百分率。

（2）棉布下机纱疵率。指修织前，由于纺部原因一次性降等的次布对总验布量的百分率。一般以此考察纺部的纱疵质量水平。

（3）下机匹扯分。指码布后、分等修织前布面所有够评分的疵点（包括分散性和一次性降等的分数)，用分/匹来表示，它影响下机一等品率的高低。

四、减少布面纱疵的重要性

布面纱疵的产生涉及有关纺纱原料、工艺设计、机械设备、温湿度、操作、运转管理等各方面工作。纱疵是纺纱基础工作中工艺、机械、操作三项工作的综合反映，也是衡量一个企业的技术工作和管理水平的主要内容之一。

纱疵直接影响坯布的内在质量和外在质量，坯布的质量是以评等表示，分为优等品、一等品、二等品、三等品及等外品。坯布的分等是由物理指标、棉结杂质与布面疵点外观指标相结合进行评定的。布面疵点由纱疵和织疵组成。因此，布面纱疵的多少直接影响坯布下机一等品率和入库一等品率两项质量指标。有些纱疵虽不影响坯布的降等，但影响坯布的外观，需要在验布中作出标记，然后进行修织，这需要花费大量的人力和物力。修织后不但会造成坯布的内在质量的不良，而且还影响坯布的使用效果。

坯布的检验定等级是逐匹进行的，每一个纱疵和织疵都能检验到，不像纱线的评等级是抽样检验的，因此要求比较高，任何微小的疵点都会在验布时显示出来，纺部各项工作的瞬间疏忽，操作上偶尔不慎，均会产生纱疵，造成坯布降等。

减少布面纱疵必须特别重视消灭突发性纱疵。突发性纱疵来势猛，影响较大，这不仅会造成大量疵布，甚至会迫使纺织各工序机台停台关车，严重影响产量和质量计划的完成。

总之，减少布面纱疵的工作涉及面较广，工作细致，必须严字当头，从小处着眼，依靠群众，贯彻预防为主的方针，建立减少纱疵的保证体系，下苦功夫扎扎实实地做好各项基础性工作，纱疵就可能被消除在织造以前。

第二节 常发性纱疵的特征、形成与防治

纱疵产生的原因是十分复杂的，纱疵表现的类型也是多方面的。分析和弄清布面纱疵产生的原因、纱疵在布面上的形态及如何防止和减少纱疵的产生是十分重要的。下面阐述常发性布面纱疵的特征、产生原因和防治方法。

一、错纬

本色棉布分等规定，错纬疵布包括粗纬、细纬、紧捻、弱捻及多股等。粗经是指直径偏粗，长 5cm 及以上的经纱织入布内。错纬是指直径偏粗偏细，长 5cm 及以上的纬纱（即粗纬、细纬）或紧捻、松捻纬纱织入布内。

粗经和错纬的产生原因相同，只是错纬在布面上集中于一个范围内，疵点容易反映，所以错纬比粗经的疵布数量多。但是长的粗经往往会形成联匹疵布，可能造成两匹、三匹，甚至更多匹布降等，而同一长度的粗纬只造成一匹布降等。根据错纬形式，分以下几种。

1. 比正常纱重 1 倍左右的均匀粗纬

其在布面上较明显，短的可在 1m 以内，长的可达几十米。造成这类纱疵的主要原因如下。

(1) 粗纱断头时，断头的粗纱飘入邻纱。粗纱机落纱时，放在罗拉盖板上的粗纱尾巴下垂到机面以下被带进锭翼。

(2) 双根或环状粗纱喂入细纱机牵伸装置。

(3) 换粗纱时把摘除的纱尾不慎带入邻纱，或盘粗纱时将尾纱同粗纱一起盘入后再搭入细纱机。

(4) 细纱机车顶板上粗纱的尾纱下垂，被上排粗纱卷入，喂进细纱机或细纱机的上排粗纱用完而未及时调换，致使此粗纱的纱尾搭入相邻纱条。

(5) 细纱断头时，须条飘入相邻纱条。

为了防止这种疵点产生，要加强粗纱、细纱挡车工和落纱工的责任心，加强巡回，及时处理；还要提高断头吸入率和加强车间气流控制。

2. 比正常纱重 40%～50%的均匀粗纬

这种粗纬在布面上不太明显，短的在 1m 以内，长的可达近百米。造成这类纱疵的主要原因是由于细纱机后区牵伸失效。如细纱挡车工穿粗纱时违反操作规程，或细纱机后罗拉绕花，使同档另一锭的粗纱失去后区牵伸作用。要减少这类纱疵，应提高挡车工的操作水平，加强巡回。

3. 不均匀粗纬

其在布面上不如均匀粗纬明显，布面形态不一样，有粗有细，有的中间细而两头略粗。在常见错纬疵布中，以不均匀错纬居多。主要原因是须条所经通道不光洁，产生挂花带入纱条，当运输时碰毛须条，条子搭头不良等均造成不均匀粗纬。如棉条筒口破裂，并条机圈条斜管有毛刺，锭翼通道不光洁，细纱机导纱钩或喇叭口不光洁等。此外，条子搭头不良，如搭头过长或扯头过厚，运输时碰毛须条等，都会形成不均匀粗纬。要减少不均匀粗纬，首先要保证纺纱各工序须条通道光洁，定期整修棉条筒，经常剔除不良条筒。同时，要提高挡车工的操作水平。

4. 细纬

细纬重量为原纱的 0.8 倍左右，一般较长，且本身较为均匀。产生的主要原因是，末并、粗纱棉条包卷时扯头过薄或搭头过短，在精梳、涤/棉混纺纱中更易产生，都可能造成细纬疵布；末并、粗纱棉条包卷接头过细或过短，在精梳、棉条混纺中更容易产生；末道并条机喂入罗拉瞬时顿挫，如齿轮啮合松动或齿轮磨损严重；末道并条机开关车不良的棉条未全部摘净；粗纱机换齿轮操作不当，卸压时胶辊移动；特别是末道并条机自停装置失灵，缺条喂入；牵伸部分绕花时仍继续纺纱；吸风不匀，粗纱机换齿轮时操作不良，卸压时胶辊移动，或开关车时的传动惯性存在时差等，均造成细纬疵布。

5. 紧捻纱（线）

在布面上形成紧捻纱（线）的捻度一般比原纱（线）捻度多一倍以上，或重量比原纱重 10%左右，比原纱细 10%左右。这种疵点多因细纱或捻线挡车工接头缓慢，细纱前胶辊缺油或芯子生锈，使得纱条的输出速度略慢形成的；捻线机导纱动程不正，纱线滑入上罗拉槽，插纱锭子弯曲或毛糙，下罗拉起槽等均可造成紧捻纱线；或锭带滑出锭盘而到锭子上，锭子意外旋转而形成紧捻纱。

紧捻纱防治方法有以下几种。

① 加强挡车工操作水平，缩短接头时间，接头时拉掉一些纱段，防止重复加捻而产生的紧捻纱。

② 胶辊加油要按周期进行，加油要均匀，注意防止漏加现象，按季节分别使用不同黏度的胶辊油。

③ 锭子传动部分机件要正常，锭带张力要适当。

6. 弱捻纱（线）

当捻度低于正常捻度时形成弱捻纱。严重的弱捻纱在布面上会形成一段白色，俗称“白纬”。产生这种纱疵的原因主要是，细纱锭子上有回丝缠绕，纬纱管内有回丝或纬管下口过紧，致使纬纱在小纱时有起浮现象，或小纬纱时产生跳管，造成小纱段弱捻纱；锭带在断裂前伸长过大，锭带滑下锭带盘，锭带过长；钢领松动等原因造成弱捻纱；筒管摇头和捻线机上接头位置过低也可形成弱捻纱。

7. 假粗纬

假粗纬从布面上看近似粗纬，但表面较毛，重量与原纱相同，大多数发生在小纱上。产生原因是，纲领衰退，气圈碰隔纱板；钢丝圈太轻或没有及时调换；隔纱板毛糙、龟裂或安装位置不正。从产生粗经和错纬的原因看，产生这种纱疵大多是由于操作不当引起的，少数为机械因素。因此，务必加强运转操作管理。

以上几种纱疵造成的原因，大多数由于操作不良引起的，少数是因机械因素，对于机械因素可以针对薄弱环节加以改进。因此，减少纱疵必须加强运转管理。

二、条干不匀

条干不匀疵布与错纬疵布都是纱疵的重点内容，特别是平纹织物、府绸织物、涤/棉混纺织物等对条干的要求更高。同样细度的纱线织造时，纬密稀疏的比紧密的条干不匀更易在布面上显露。条干不匀疵布分为两大类，一类是规律性条干不匀，在黑板上呈斜状规律，俗称为斜状条干，规律性条干不匀大多为突发性纱疵；另一类是非规律性条干不匀，在黑板上呈雨点状，俗称雨状条干。产生无规律性条干不匀疵布的原因很多，又非常复杂，即使同一原因造成的条干不匀，其不匀的程度也有轻有重，但主要原因是细纱机牵伸机构不良所致，分述如下。

1. 粗节长度 1～2cm 条干不匀

该粗节表面较毛、较粗，占布面长度 2cm 到整只纬纱，一般是细纱集合器不良造成，如细纱机集合器翻身、破裂，集合器开口选择不当、集合器翻身、集合器裂损、内聚杂物、须条跑出集合器，或被杂质、车号纸塞煞等；细纱机须条跳出集棉器。解决办法主要是根据不同牵伸形式和纺纱特数，合理选择集合器形式和开口尺寸。

此类条干不匀占整只条干不匀的比重较大；如果粗节的粗细不匀，表面较毛，在布面上一般长 10～20cm，使细纱机前胶辊绕花严重，粗节粗细不匀，在布面上比较稀散，致使同档胶辊的邻纱失压而形成的。如果细纱前胶辊加压偏轻所形成条干不匀，整只纬纱都呈现条干不匀，则一般是细纱机前胶辊加压不当，即加压偏轻所造成。该粗节的粗细不匀在布面上分布稀疏且零散。因此，如发现胶辊绕花，应将同档邻纱拔出，检查条干是否恶化，开车后应加强逐锭检查加压是否正常。

2. 粗节长度 2～3cm 条干不匀

粗节头端稍毛，尾端细匀，在布面上分布稀散，为半只纬纱到整只纬纱。这种条干不匀纱疵产生的原因是，细纱机胶圈老化不光洁，产生绕纤维（有时评为白竹节）；细纱机胶圈小铁辊溢油，或揩车污染胶圈，造成黏纤维。

3. 粗节长度3cm左右条干不匀

如果粗节的端头稍毛而秃，尾端细匀而尖，在布面上分布稀散，这种条干不匀纱疵一般是由于细纱机胶辊或胶圈老化，不光洁或沾上油污，造成胶辊、胶圈绕花造成的，在牵伸过程中间歇带入纱条。为此要提高胶圈质量，缩短调换周期，严防胶圈老化。另外，细纱机下销子脱出或窜到集合器上方等，下胶圈断裂、缺损、跑偏，摇架弹簧肖子松脱、摆动销隔距块失落或错用，胶圈钳口控制纤维不良，粗纱机集合器断裂，嵌杂质等均会造成3cm左右长度的条干不匀。

4. 粗节长度3～4cm条干不匀

粗节较粗、较毛，布面分布状态为半只纬纱到整只纬纱。这种条干不匀纱疵产生的原因是，细纱机下胶圈断裂缺损；细纱机生漆涂料胶辊表面光滑，摩擦力降低，回转不畅。

5. 粗节长度在4～10cm条干不匀

布面分布状况为半只纬纱到整只纬纱。如果细纱胶圈回转不正常，将产生粗节长度4～10cm条干不匀。例如细纱机胶辊中轴承磨损，回转不灵活等造成。其特点是呈粗细不匀的形状，占布面半只纬纱或整只纬纱。

6. 粗节长度在10cm以上条干不匀

该类疵点，在布面上呈稀散状，粗节长度10cm以上，形态为长片段不匀，分布在1梭到整只纬纱。大多数由前纺工序引起。例如末道并条机集合器开口太小，太毛，导条架宽度太大，胶辊加压失效；末并第二或第三胶辊加压失效（严重时评为粗纬）；粗纱机摆动销钳口隔距块用错（差异大时）；粗纱机弹性销钳口隔距或定位螺丝松动；粗纱下胶圈跑偏，胶辊中凹；粗纱前胶辊压力不足；粗纱集棉器有飞花，或纱条不在中后集棉器内。

粗纱机弹性销钳口隔距或定位螺丝松动；粗纱下胶辊跑偏、缺损，粗纱胶辊中凹、偏心，加压失效，集合器使用不当，集合器内有绒板花或须条不在中区集合器内等，以及末道并条机上集合器开口不当、毛糙及大胶辊和后胶辊加压失效也会形成较长的条干不匀，都会形成长于10cm的条干不匀。

要减少条干不匀纱疵，应合理选择集合器的形式与开口大小。同时，应提高胶圈的处理质量，缩短胶圈的调换周期，防止胶圈老化。另外，应加强回转机件的保全保养工作和挡车工的巡回工作等。

7. 假条干不匀

假条干不匀的外观类似条干不匀，但织物经染整加工后并不影响成品质量。假条干不匀的波长相当于钢领板一次升降动程时间的纺纱长度，在布面的分布状态为整只纬纱或连续出现。造成假条干不匀的主要原因是采用直接纬时纬纱给湿不匀。如水温太低，浸湿时间过短。一般在冬季细特纱、强捻纱更易产生。

三、竹节纱疵

竹节纱疵是指在布面上出现1～5cm不等长的粗节纱段，其定长重量或宽度比正常纱大2～5倍不等。其粗细或手感目测在布面上均十分明显。根据竹节纱造成原因及颜色，可分为白竹节、黄竹节、灰黑竹节及油花纱竹节等。

1. 白竹节

白竹节纱疵色泽在布面上为白色，涤/棉混纺时为纯白色，宽度为正常纱的2～4倍，长

度多为2～3cm，少数为3～5cm，个别有10cm左右。粗节分解后，大多为好纤维。其形状为两端状态不一，大部分粗节与纤维粘连在一起，粗节固定，不能上下窜动；极少数粗节黏附在纱条表面，粗节处的短乱纤维可以上下窜动。其中前者多由于是细纱接头不良，前胶辊缺油、毛糙、胶圈回转不正常，粗纱包卷不良以及各工序绕花所致，后者为各种飞花附入所致。

如细纱接头不良和涤/棉混纺纱中加有并丝，会出现一端粗，一端尖，纱条略毛的粗节；末并二罗拉绕花会出现纤维卷曲而较乱的粗节；细纱机胶圈打盹、嵌飞花及小铁棍缺油会出现表面较粗、较毛的粗节；粗纱包卷不良及肩胛处飞花附入纱条，会出现两端稍尖，表面光滑，各别长而毛的粗节；细纱机前胶辊、末并和粗纱胶辊表面毛糙，会出现表面较毛的粗节等。

2. 黄竹节

黄竹节纱疵色泽上呈黄色或淡黄色，宽度为正常纱的3～5倍，长度1～2cm，少数3～4cm，个别5cm以上。粗节分解后多为乱短纤维，并夹有杂质。从形态上看，大多数黄竹节表面毛糙，黏附在纱条表面，粗节处的乱短纤维可上下窜动。产生类似竹节的原因主要是有短绒、飞花夹入纱条造成的。如梳棉机各处积聚飞花带入生条，粗纱机、细纱机的绒板或绒辊花带入纱条，各机台喇叭口积聚的短绒带入纱条，细纱机车顶板飞花带入纱条以及各种积花带入等。

3. 灰黑竹节

灰黑色竹节纱疵在色泽上成灰黑色，少数淡黑色，宽度为正常纱的2～5倍，长度多数为1～4cm，少数为4cm以上。粗节分解后大多数是灰黑色短、乱纤维。从形态上看，表面比较毛糙，大多数可以上下窜动。其形成原因主要是细纱机风管清洁不良，灰黑附入纱条；细纱罗拉颈绕油花附入纱条以及各工序高空清洁工作或揩车工作不良，都会使灰黑色短纤维附入纱条，造成灰黑竹节。

4. 油花竹节

油花竹节在布面上呈淡黄色和灰黑色两种，宽度为正常纱的2～4倍，长度大多数为1.5～2.5cm，少数为4～5cm，个别在5cm以上。粗节分解后多为黑色短纤维，少部分粗节为浅黄色短纤维。从形态上讲，表面毛糙，粗细不匀，绝大部分粗节的短乱纤维可以上下窜动。其形成原因均为各工序揩车工作不良、清洁工作不慎，将油花黏附带入纱条造成。

竹节纱在纺纱过程中造成原因主要是通道不光洁、机件毛刺、牵伸过程不良、清洁工作不良、牵伸过程不良、清洁工具和方法不完善，以及生产不稳定等。油花纱是在成品或半成品生产过程中或运输过程中油污沾染造成。

减少竹节纱，首先是前后纺各工序加强保全保养的管理工作，要求挡车工、辅助工按操作法工作，防止缠、绕、挂花、积聚、拍打、接头不良等。其次是络筒工序上使用好电子清纱器，能切除多数竹节疵纱，并可切除部分长粗节，提高布面质量。

四、双纬和脱纬

单纬织物一个梭口内有两根纬纱称为双纬，一般在布面上呈平行状态。一个梭口内有三根及以上的纬纱织入布内称为脱纬，呈交错状态。脱纬多数是由细纱机、捻线机卷绕状态不良所造成。

1. 双纬

间接纬纱或直接纬纱都能产生双纬。其形成原因主要是由于纬纱成形不良，造成织造时纬纱脱圈织入织物中形成双纬疵布；或在将管纱重新倒成纬纱时，将断头的邻纱带入，在织造退绕时一起织入形成双纬疵布。

2. 脱纬

脱纬一般是细纱机、捻线机卷装成形不良所造成。细纱卷绕张力突变，张力过小；成形凸轮尖端磨灭导致纲领板上下动程过短，速度过慢；束缚层与卷绕层比例不当；纬管轻微跳动，成形凸轮或转子磨灭，细纱机纲领板顿挫、升降动程太短、钢丝圈过轻、整台冒纱、个别锭子冒纱等均能造成脱纬疵布。

细纱机、捻线机始纺时纲领板的位置太低或纲领板高低不一；满纱关车不及时和接头不及时等造成松纱、冒头纱和葫芦纱。个别筒管质量不良，纺纱时产生上下轻微跳动等，均会造成脱纬。在生产的双纬和脱纬布面纱疵中，多数为脱纬。脱纬的长度、根数根据其严重程度而不同，多数为1～2梭，每梭3～10根。

五、其他疵布

1. 稀纬和百脚

在平纹织物中纬纱缺根称为稀纬，在斜纹织物中纬纱缺根称为百脚。造成此类纱织疵的主要原因是织机故障，但细纱机或捻线机卷绕部分不良也会造成稀纬与百脚疵布。如纬纱中间断头；落纱采用保险纱时，接头引纱太长，使接头拉拉放放或引纱“藏头”，在退绕时造成脱圈断头；落纱开车接头未使用保险纱或保险纱太松或太短。又如，直接纬纱的保险纱定位过高或过低，太多或太少，以上情况均会造成稀纬与百脚疵布。

2. 花纬、花经、油经、油纬

花纬根据其色泽、捻度、形态不同大体分为长片段黄白纱、三丝纱和假花纬纱等。花纬主要是由于混用了不同配棉的细纱或存放较久的纬纱，或条子、粗纬、细纱用错等所织成的布，呈现出黄白交界的疵布，称为花纬疵布。花经是由于配棉成分变化，使布面色泽不同。经纬纱上沾染油污的纱称油经油纬。

在配棉中，避免出现花纬疵布应注意配棉色差问题，首先要严格控制各成分的色差，并且要做到混合均匀，严格掌握配棉成分的增减率，一般不超过5%；特黄的原棉不能超过3%，再就是做到品种间标志明显，坚持先纺先用原则。另外，还应注意车间清洁工作，油手不接头，成品、半成品不乱丢乱放，以免沾上油污，产生油经油纬。

3. 色经、色纬、布开花、三丝纱

凡直接以白坯出口的色经色纬或因原棉中夹有色纱头、有色纤维，或碎布、印记过重、混有麻丝等，使坯布经染整加工而不能退色的色经色纬、麻丝等织入布面，均为此类色经色纬疵布。

在布面上呈分散颜色则称布开花。其形成原因主要是个别地区原棉中夹有有色碎布，被清梳工序打碎或原棉中有有色纤维混入而纺成细纱造成此类疵布。粗纱责任印记过重也会造成色经色纬。

4. 纬缩

因纬纱捻度过大、捻回不稳定等原因使纬纱扭结织入布内，起圈于布面称为纬缩。纬纱捻度选择要尽量偏低，要有一定存量，尤其是化纤混纺纱，做好定型工作，使捻度稳定，减少疵布。

5. 布开花

布开花纱疵是指纺入纱内的有色线头、绒线头、化纤丝、塑料丝等有色杂纤维，织成坯布后，布面呈满天星状的有色纱疵。

布开花产生的主要原因有以下几个方面。

(1) 刷唛留印色。由于棉包包头布薄，若刷唛重，则唛印可透过包头布污染棉花。刷唛印有红、蓝、黑等颜色，被污染的棉花也是这几种颜色。

(2) 缝包线有颜色（也有用塑料线），棉包包布上补有各种各样的色布，这种现象几乎每家轧花厂的棉包上都有。这些色线、色布头等在开清棉排包时未拣出，混入棉花中，打碎纺成纱，呈短而小的大肚子状有色纤维束黏附在纱上，织成布后，会形成有色大肚子状的布开花纱疵。

(3) 原棉中夹有各种颜色的碎布头、纱头、绒线头等杂物，成纱后也会呈短而小的大肚子状有色纤维束黏附在纱上，在布面上形成有色大肚子状的布开花纱疵。

(4) 铁锈花。铁锈花主要是指用铁皮打包的棉包，由于长时间堆放，铁皮受潮生锈，再污染纤维造成的。

(5) 棉包内混有复写纸，或责任印颜色粉也会污染棉花，出现布开花纱疵。

这种情况一般锯齿棉棉包多，皮辊棉棉包少；棉包内混有复写纸，在纺纱过程中，复写纸周围的棉花被染上蓝色；棉条包卷操作练兵的颜色粉撒在棉条上，遗漏处理；责任印记颜色过深，渗入量过多。这种被污染的棉花，纺成长短不一的色纱，在布面上一般以色经色纬形式出现。

(6) 地脚花、黑色的油花，主要是轧花厂在加油和检修过程中污染的棉花，在扫地面时没有拣剔出来，混在原棉里一同打入棉包。棉包在储运、露天堆放过程中，棉包表面有一小部分未被包皮包住的棉花，与蓝色油布（新用油布）接触、摩擦，被染上蓝色。在布面上成黑色或蓝色大肚子状的布开花纱疵。

要预防布开花纱疵，首先要加强棉包进车间的逐包检验工作，拆包工要及时拣出棉包外层麻丝、麻布、色布、色花等杂物，挡车工在抓棉机工作时，要注意棉箱内棉包各层之间的软杂物的重点轧花厂及重点批号的原棉，要注意棉箱内棉包层之间的杂物并要随时关机拣清；应避免放在纬纱品种中配用，可放在精梳纱或经纱中配用。发动梳棉、并条、粗纱、细纱挡车工，在巡回中随时拣清色条子、色棉条、色粗纱，并设专人考核，记个人的奖惩；棉条包卷操作练兵用颜色粉撒在棉条上，要及时拣清，不可遗漏。

6. 橡皮纱

橡皮纱在布面上呈小竹节或纬缩状，把纱挑出后如橡皮筋那样可以伸长。橡皮纱是布面呈小竹节或纬缩状，把纱挑出后如橡皮筋那样可以伸长。此类疵布在涤/棉混纺和纯棉细特纱中较易产生。其产生原因是一些较长纤维头端到达细纱机前钳口时，尾端还处于后部较强的摩擦力界控制之下，使得引导力小于控制力，迫使长纤维在走出前罗拉时以中罗拉速度运动，而长纤维则在此瞬间形成瞬时轴心，其他以前罗拉速度运动的短纤维则围绕在此轴心周围，在长纤维输出前罗拉后由于长纤维的弹性回缩，即形成橡皮纱。应加强对纤维（特别是化纤）的检验工作，防止超长纤维混入。工艺上应增加细纱前胶辊压力，放大隔距等。络筒机使用好电子清纱器，予以切除疵点。

7. 裙子皱

裙子皱是涤/棉混纺细布中较易产生的纱疵。这是由于具有不同收缩率的纬纱交错织在布里，经印染加工热碱处理后，纬纱产生不同的收缩而造成宽幅、狭幅多次交错出现的明显“裙子皱”疵布现象。因此，防止措施是加强对纤维的热收缩率检验，按批时纤维的热收缩率差异不能过大，使接替时不能差异过大，还要注意对纱的热定型时的温度、压力和时间，是管纱里外一致，达到捻度稳定。

8. 煤灰纱

煤灰纱则是由煤烟污染造成的。一般在工厂比较集中的城市，空调未采用三级过滤更易发生。在纺制特细特纱、化纤混纺纱时，影响较严重。

由于室外空气中含有未经燃烧完全的炭粒和大气中混杂燃烧时生成的烟雾状油烟、炭粒吸附了水气而沉降，混在近地面空气中，特别是每逢煤烟顺风向进入洗涤室而未经洗涤时，煤烟随送风进入车间，黏附在纱条表面，形成煤灰纱。

在纺制特细特纱或者采用大卷装时，由于纱条本身色泽洁白，且有静电吸附作用，更易形成明显的煤灰纱。因此，防止煤灰纱的产生，要加强空调室的洗涤工作，加强空调室对使用外风的过滤效率和注意采用新型高效滤尘设备与滤料，严格防止煤灰随送风进入车间。

9. 棉球

棉球与正常棉结相似，其差别主要是棉球比较蓬松，纤维成熟度正常，颗粒较大；而棉结比较紧密，纤维成熟度差，颗粒小。形成棉球的主要原因如下。

（1）钢领、钢丝圈到使用周期时未及时更换，导致钢丝圈脚磨损后刮毛细纱形成棉球。

（2）钢领和钢丝圈配合不当，使细纱通道与钢丝圈磨损处交叉，造成细纱发毛形成棉球。

（3）细纱机前胶辊与罗拉间积聚的短绒附入纱条，后加工未被消除，在布面上呈现米粒状棉球。

10. 纬缩

因纬纱捻度过大、捻回不稳定等原因使纬纱扭结织入布内或起圈现于布面的一种密集性疵点，称为纬缩。为此，除应注意捻度合理、先纺先用外，还应加强对化纤混纺纱（特别是涤/棉混纺纱）的热定形工作，使其捻度稳定，减少疵布。

第三节　突发性纱疵的特征、形成与防治

突发性纱疵是指突然发生的大面积影响棉布降等的纱疵。其特征是来势凶猛，批量大，速度快，严重影响棉布质量计划的完成，甚至迫使布机停止生产。突发性纱疵特的主要类型多数为规律性错纬和规律性条干不匀，也有少数为非规律性条干不匀和其他疵点。产生的原因主要是是机械状态不良，工艺参数不良，原料波动，温湿度突变，操作方法及管理原因等因素造成。突发性纱疵发生的工序主要包括并条、粗纱、细纱工序，其中并条、粗纱工序的影响面大，更为突出。

一、规律性错纬

规律性错纬俗称为“搓板布”“席子布”。错纬的波长有明显的规律性，粗纬、细纬交界分明。大多数粗纬重量为正常纬纱的1.3～2倍，并在粗纬前后有相应的细纬。

其产生的主要原因是各牵伸区的胶辊或罗拉有偏心、失压或齿轮传动不正常等。错纬的

粗细或重量差异的大小，即粗细程度波幅是由牵伸倍数及不正常机件的缺陷状况而定。规律性错纬的粗纬、细纬的周期长短是随不同纱特数、不同工序、不同牵伸倍数而定。一般情况下纺纱时，所采用的牵伸倍数小，机械缺陷严重时波幅大，但波长短；当细特纱牵伸倍数大，且前各工序产生的粗纬、错纬的波长较长，但波幅较小。

1. 特长规律性错纬

粗纬重量为正常纱的1.6倍左右，不但有粗细纬交错，而且也有只粗不细的错纬。其波长随纺纱特数而异，粗特纱20～80m，中特纱40～150m，细特纱80～300m。产生的原因是末道并条机的中、后牵伸部分的机件不良；末道并条机大胶辊加压失效造成，后胶辊失压或后罗拉严重绕花；轻重牙、冠牙及末道并条机牵伸牵伸系统过桥齿轮或键槽磨灭、松动、啮合松等不适当；以及齿轮啮合过紧、过松引起罗拉回转时抖动，使罗拉回转抖动；导条辊传动齿轮键槽松动；三上四下或四上五下大胶辊严重中凹和刹车不良等。其防止办法是要加强并条机的检修工作，选择合理的工艺参数。

2. 长规律性错纬

在布面上的表现特征为粗纬与细纬交替，也有只粗不细或只细不粗的细纱。粗纬重量约为正常纬纱的1.3～1.6倍。其波长随纱特而异，粗特纱5～10m，中特纱10～20m，细特纱20～40m。产生主要原因是末道并条机前罗拉或前胶辊偏心或中凹，胶辊轴芯弯曲或嵌有硬杂；末道并条机第二罗拉滑座断裂或轴承松动；粗纱机后罗拉弯曲，后胶辊严重中凹、弯曲或嵌有硬杂及部分失压等产生的带有规律性条干不匀的熟条和粗纱形成的。

3. 中长规律性错纬

在布面上的表现与长规律性错纬基本相同。中长规律性错纬的波长按纺纱特数而异，中长规律性错纬的波长一般在3～20m，粗特纱波长为3～5m，中特纱波长为6～10m，细特纱波长为7～20m。产生主要原因是粗纱机的上胶圈打顿，粗纱机中后牵伸系统齿轮磨灭、键槽松动等产生的带有规律性条干不匀的粗纱所形成的。

4. 短规律性错纬

粗纬重量为正常纱的1.3～1.4倍（相当于细纱机后区牵伸倍数）。短规律性错纬的波长一般在1～6m，粗特纱波长为1～3m，中特纱波长为2～6m，细特纱波长一般也为2～6m。产生主要原因是粗纱机前胶辊偏心、中凹或粘有硬性杂质，前罗拉弯曲、偏心等；细纱机大铁辊两端轴头磨灭，回转不灵活，间歇打顿，细纱后罗拉、后胶辊工作不良。

总之，通过对突发性纱疵的特征和产生的主要原因的分析，认识到减少突发性纱疵，必须从加强基础性工作着手。另外，要制订严格的车间工艺管理、原棉管理及纺纱器材管理制度，保持相对稳定的车间温湿度，就能够从根本上避免突发性纱疵突然大面积的发生，确保产品质量的稳定提高。

二、规律性条干不匀

规律性条干不匀在黑板条干检验时，呈“直规律”或“斜规律”分布。平纹织物、府绸织物、涤/棉混纺织物等对条干不匀要求较高。规律性条干不匀由于工序、机件的不同，其波长规律各不相同。细纱机产生几种常见的不同波长纱疵如下。

1. 波长相当于细纱机前罗拉、前胶辊周长

一般波长为70～90mm。这种条干不匀在布面上规律十分明显，粗细分明，整只纬纱都有，分布较为密集。产生原因为前罗拉、前胶辊偏心；前罗拉和前胶辊轴心弯曲；前罗拉嵌

有硬杂、加压过重，造成开关车时罗拉扭振；胶辊轴芯与铁壳间隙过大等。

2. 波长大于细纱机前罗拉或前胶辊的周长

这种不匀的波长规律在布面上较明显，粗段长度为15cm左右，整只纬纱都有。产生原因是由细纱机牵伸齿轮啮合过紧、过松，键槽磨灭或缺损等。对于要求较高的平纹、细特和涤/棉混纺等织物，尤其要防止这类纱疵产生。

3. 波长稍大于细纱机前罗拉或前胶辊周长

这种不匀率波长一般为11cm左右，波长规律明显，条干密集，有时整只纬纱都有，有时只有一段，时有时无，捉摸不定，来势猛，数量较多，一匹中甚至有好几处出现。产生原因主要是细纱机下胶圈和中罗拉粘连，或下胶圈偏紧，在中罗拉回转时产生间隙性的频率较高的轻微抖动，手触有麻木感觉，在涤/棉混纺时交易发生。除此之外，还有因细纱机导纱装置工作不良造成跑偏而形成间隙性条干不匀，因此要加强对机台的维修保养工作，以保证机台的正常工作。

4. 间隙性条干不匀

产生主要原因是细纱机导纱动程跑偏。全动程跑偏所产生纱疵在布面实测间隙性距离约294m，短动程跑偏约23m。

三、非规律性条干不匀

在黑板条干检验时，此类纱疵在布面上呈雨点状分布，俗称为“雨状条干”。此类纱疵一般属于常发性纱疵，但有时因机械损坏严重，也会成为突发性纱疵，来势猛，影响面广，尤其并粗工序更易产生。

1. 长片段不匀

长度一般在10cm以上，断续出现，延续长度较长，产生原因复杂，主要由并条工序机件工作不良所造成。例如并条机集合器开口过小、位置不当、与导纱板不配当，罗拉隔距走动，罗拉偏心、弯曲，键松动，齿轮磨损等。

2. 短片段不匀

如粗纱机牵伸装置下胶圈断裂失落，前胶辊加压不足，齿轮磨灭、啮合不良，罗拉平行度差，键松动，胶辊轴承缺油，胶辊中凹、老化、弹性差，胶圈回转不灵活等均可造成短片断不匀。

第四节　纱疵的分析方法

纱疵分析的目的是为了正确、及时地搞清纱疵形成的原因，以求解决的方法。在实际生产过程中，必须及时地检验和分析纱疵，常见的方法有目光检验法、切断称重法和仪器检验法等。其中，目光检验法包括布面直观分析法和黑板观察分析法两种。切断称重法包括长片段纱疵切断称重法和短片段纱疵切断称重法两种。

一、目光检验法

1. 布面直观分析法

对于一般常见的纱疵和某些规律性产生原因明显的纱疵，可以直接从其特征中凭目光感觉和经验判断布面纱疵特征，看出它的波长，找出纱疵的产生原因，并建立各种代表性品种的布面纱疵标样，以便对照比较，提供分析参考。

纱疵直观分析法一般需要注意以下内容。

(1) 纱疵长度。如错纬、竹节、条干不匀等，片段的长度是短片段还是长片段不匀。

(2) 纱疵的规律性。如规律性条干不匀、规律性的错纬（俗称肋条布、席子布）波长或间隔出现的距离。

(3) 纱疵的粗细程度及其均匀性。如错纬是粗或是细，粗细是否均匀，粗纬两端或一端有无粗节等。

(4) 纱疵的内在结构和形态。如竹节中有无杂乱纤维，均匀地比原纱粗1倍的粗经或粗纬中能否明显分成两根须条；线织物的多股经纬的组成股数，是否有脱圈；纱疵表面毛糙或是平整等。

(5) 纱疵的色泽。如涤棉竹节可分为纯白、本白，纯棉竹节可分为白、黄、灰黑、油飞花、竹节，布开花的各种色泽及分布状态等；黄白纱需分析其是不是因捻度或粗细不匀形成的，是黄中夹白还是白中夹黄，是大面积还是小批量、个别黄白等。

(6) 纱疵在布面上的分布状态。是分散零星出现，还是密集连续出现，是存在于整只纡纱还是不满整只纡纱，在换纡前后的什么部位出现等。

(7) 纱疵的捻度，可以估计纱线捻度是否正常。

直观分析法比较简单方便，但有些疵点的规律性，用直观方法不易看出。有些疵点因纬纱织入时来回横动，随布面组织和密度而变化，比较难找规律，甚至有找错的情况。对于短片段规律性纱疵也比较难确定其波长，因此具有一定局限性。

2. 黑板观察分析法

把布面上纱疵的纬纱退解，或将有疵点的管纱摇在黑板上，直观分析纱疵的特征，以弥补布面直观分析法的不足。该分析方法比较简单，对于条干不匀或短片断粗纬，容易找出其特征。例如，可以看出其粗节数量、粗细程度、阴影面积大小、阴影的深浅以及规律性波长的长度等。如有明显规律性，也可以判断其规律性波长的长度。如一般细纱机形成的规律性条干不匀波长较短，在黑板上表现明显的“斜规律”不匀。粗纱工序粗纱机形成的规律性条干不匀，由于波长不匀，波长较长，在黑板表现为明显的“直规律”条干不匀。

由于黑板绕纱长度受黑板面积限制，一面的总长度只有20m左右，因此黑板分析法不能分析波长超过黑板绕纱长度的纱疵。当波长超过20m的规律性条干不匀就不能在黑板上反映出来。此外，黑板上纱线的排列间隔比布面稀，较浅的规律性疵点就不够明显，为此可用专用的大黑板，纱线的卷绕密度也可以比通用的密度大1倍或更多，以弥补上述缺陷。国外有的采用梯形黑板，这对于分析规律性纱疵也具有一定的作用。

二、切断称重法

布面直观分析法和黑板观察分析法只能定性地估计纱疵的粗细和长度，虽然方法简便且速度快，但容易产生误差。如果采用连续切断称重法，则精度可以大大提高，其试验方法介绍如下。

按照疵点在布面上的分布情况，切断称重法可采用两种方法进行分析布面纱疵。第一种情况是规律性疵点波长超过布幅时，可采取每梭纬纱从布面上逐根退解，按其顺序称重，由此分析纱疵波长及纱疵分布规律。这种方法称为长片段纱疵切断称重法。

为简化操作，缩短试验时间，也可在布面上选择一段，一般长度为5～10cm。按此段纬纱逐根称重，由此分析纱疵波长及纱疵分布规律。

第二种情况是规律性疵点波长很短，比布幅小，应采用与之相适应的短片段纱疵切断称重法。

三、仪器检验法

目前仪器检验法主要有乌斯特波长分析法、Y311型条粗条干均匀度试验仪检验分析法和乌斯特纱疵分级仪检验分级法。

知识扩展：布面纱疵责任划分

布面纱疵按车间划分责任是落实生产责任制的重要内容之一，也是加强企业管理、提高产品质量的一个重要措施。由于各棉纺织厂规模大小的不同，组织体制、品种结构、工艺设计、设备状态与车间空气调节等条件也不尽相同，对各种类型纱疵产生原因的客观规律认识也不完全一致，因此对布面纱疵按车间责任划分，不能硬性规定，应根据各工厂具体情况，有所区别，要求大体上比较合理即可。

(1) 根据各棉纺织厂现有品种、原棉、工艺、设备等条件的不同，组织三结合（前纺、细纱与布机车间）布面纱疵划分小组，通过调查研究，抓住各生产过程中实际存在的各类疵点，进行试纺、试织，在基本统一思想认识的基础上，把布面纱疵按其类型划分给各车间，作为一个阶段的划分依据。随着生产的不断发展，生产条件的不断变化，还必须继续调成研究，不断试验与探索，使布面纱疵的划分办法不断充实、合理与完善。

(2) 对共同性疵点（即两个车间、有关部门都有可能造成），应根据纱疵的特征，分车间（部门）划分责任。纱疵指标可按产生的可能性，分车间（部门）按比例考核。按比例考核，必须通过调查研究，摸清情况，提出划分比例的可靠依据。如果按比例划分有困难，一般可按造成可能性较大的车间作为指标考核的主要责任。

(3) 必须贯彻以预防为主、防捉结合的方针。哪一工序造成的疵点应由哪一部门负责，但有些疵点在后工序比较容易去除，则后工序应有帮助除去该疵点的责任。例如，线织物的多股线粗经疵点，有时可在织物上可多达几个三联匹，前后经历十多个班生产，虽然该疵点是捻线机产生的疵点，但布机挡车工是完全有可能发现与去除的。对该类疵点可有两种办法落实责任。一种是捻线车间与布机车间按各半考核；另一种是5～10m的多股线粗经疵布由捻线车间负责，超过该长度时由布机车间负责，以强化布机挡车工的责任。

(4) 贯彻奖惩制度。后工序捉到前工序疵点并因此使该匹布不降等或不连续降等时，可给予一定奖励，同时前工序可给予一定的惩罚。例如，清棉机挡车工在喂入棉包上发现有碎布、麻绳、化纤包皮布之类，可给予清棉机挡车工一定奖励，多捉多奖，而对抓包机挡车工则予以一定的惩罚。又如，细纱机挡车工在巡回时发现有飘双头粗纱时，可给予细纱机挡车工一定奖励，同时对造成飘双头粗纱的粗纱机挡车工予以一定惩罚。再如，布机挡车工捉到多股线粗经的长度在5m以内的可给予一定奖励，并根据捉出的多股线粗经的长度多少而有不同的奖励。单织厂在织造时发现纬向疵点过多（超过2%）时可与供纱厂联系，严重时可让其停止供货。

思　考　题

1. 叙述纱疵的定义和分类是什么。
2. 叙述纱疵的分析方法是什么。
3. 叙述减少纱疵的重要性和意义是什么。
4. 叙述10万米纱疵与优等纱评定之间的关系是什么。
5. 影响常发性纱疵的特征和形成原因及防治方法是什么?
6. 影响突发性纱疵的特征和形成原因及防治方法是什么?
7. 叙述纱疵的产生与纺纱各工序的关系。

第八章　纺纱工艺设计与质量控制

本章知识点

1. 工艺设计的基本内容。
2. 工艺设计的指导思想。
3. 工艺纪律和审批制度。
4. 主要质量指标的控制

第一节　工艺设计概述

工艺是企业生产产品的依据，工艺管理是整个生产技术管理的核心。在棉纺织厂长期生产中已形成“工艺为核心、设备是基础、运转操作是保证”的理念，充分显示了工艺管理的重要地位。通过建立和贯彻完整、统一的工艺管理制度可以指导企业生产有序的进行，达到稳定产品质量、提高生产效率、降低生产成本、提高经济效益的目的。

一、工艺设计的基本内容

棉纺织生产如果没有工艺做依据，就会盲目生产，无法保证正常生产秩序和产品质量，因此，在每个产品投入前都要做好工艺设计工作。工艺设计包括以下主要内容。

1. 产品的用途与质量要求

进行产品工艺设计，首先要明确纺纱或织布的用途，国家标准和用户有哪些质量要求。对纱线来讲，除保证达到或超过国家标准质量要求外，还应根据用途不同与用户要求制订质量要求。如做纬纱，质量控制的重点是条干均匀，表面疵点少而小。经纱质量控制的重点是强力要高且强力不匀率要低。针织用纱除要求条干均匀，粗节、细节疵点少外，还要求捻度比机织用纱小些。用于绒类织物的纱，由于起绒的需要，一般要求粗些、捻度小一些，纤维长度可短些。但用于细特高密或稀薄织物时，对纱的强力与条干均匀度及纱疵要比中粗特纱要求高。

此外，工艺设计中，对各道工序半制品质量也应有相应要求或制订内控指标，如各工序的重量不匀率、条干不匀率、棉结杂质粒数、纱疵数及各工序半制品定量、长度等均应有控制指标。

2. 原料的选用和混配

对使用原料，必须事先掌握原料的品种和产地、性能和库存情况，并从有利于提高纱线质量、降低成本和稳定生产的基本要求出发，来决定选用原料品种和混配的百分比，以及平均等级、平均长度等（原棉还应控制短绒与杂质含量等），一经决定，在生产过程中不能随意变更。如发现确因原料质量问题造成产品质量不好而需要变更时，由技术部门会同车间采

取相应措施，防止因原料品种或数量变更给生产带来质量的波动。

3. 工艺流程确定

工艺流程是指产品从原料开始，它的半制品和成品所经过的工序、设备、道数的流动过程。工艺流程是根据纺纱或织布的品种用途以及产品质量和生产效率等主要指标来决定。纺纱工艺流程变化较多，而织布工艺流程基本不变，但色织布、化纤长丝织造与普通坯布的织造也是有区别的。

4. 设备选用

产品经过各道工序设备的名称和车号以及开台数、车速和生产效率，在保证质量的前提下，使前后道工序供应平衡。规定不同设备的主要工艺参数，如定量、牵伸倍数、加压、隔距、并合数、捻系数及主要部件速度等。

5. 温湿度控制

车间温湿度变化直接影响整个纺纱或织布过程的顺利进行和产品质量。因此，在工艺设计中必须提出各工序温湿度控制范围，特别要以相对湿度（或半制品回潮率）指标来控制。对生产化纤品种，尤其是合成纤维因吸湿性较差，在相对湿度过低时，容易产生大量静电，妨碍纤维的牵伸、梳理和卷绕，使疵品增加，故要设法控制合适的湿度。

二、工艺设计的指导思想

合理、先进的工艺设计，应当符合提高产品质量、降低消耗和成本、提高劳动生产率和保证安全生产的基本要求。而以质量为中心进行全面考虑，这应成为工艺设计的指导思想，在具体设计和执行中要着重处理好三个关系。

1. 质量与产量的关系

在日常生产中经常为了增加产量来提高车速（有的还采用加重半制品定量、提高牵伸倍数等方法），但过分加快车速或加重定量必然会导致质量的波动于下降。如细纱机盲目加速，必然会增加断头、破坏成纱条干。但强调提高质量，并不意味着可以不要产量、不要设备的生产效率，因而轻定量、慢车速的工艺设计也是不可取的。

2. 质量与成本（用纱、用棉）的关系

生产企业不但要讲产品质量，同时也要讲成本，两者不能偏废。目前纺织厂原料成本约占总成本的70%，因此正确使用原料，既关系产品质量也关系产品成本。在工艺设计时，其着眼点要权衡二者利弊，处理好质量与成本的关系。如在原料用量方面要根据原料质量来设计清梳工序落棉量，不根据产品用途或原料含疵情况片面节约用量的做法是不可取的。当然质量与成本的关系是多方面的，比如采用慢车速、轻定量的纺纱工艺，其后果是因单产降低需增加开台，使各种费用增加，成本上升。

3. 产量、质量与用电关系

成纱捻度多少，既与细纱产量有关，也影响用电水平。捻度减少，细纱产量增加，用电量也会下降。但捻度减少一定要在保证成纱强力和用户需要的情况下进行。此外，纺纱主机车速高低与用电高低成正比，而选用合理的车速有利于兼顾产量和节电的要求。

三、工艺纪律和审批制度

有了合理先进的工艺设计，还必须要有严格的工艺纪律，才能保证工艺设计得到正确的贯彻并发挥它应有的效果。工艺纪律的主要内容如下。

(1) 没有工艺设计，产品不能投产。新品种生产要贯彻“先工艺、后投产”“先小量、后扩大”的原则。

(2) 工艺技术部门必须备有各种产品完整的工艺设计表和必要的技术资料。同时在每台设备上尽可能设法标出对该设备的简明工艺要求。

(3) 工艺变动一定要根据审批制度，事先填写工艺设计变动审批单，经过批准再行变动。

(4) 技术部门要定期组织有关人员检查工艺执行情况，要做到设计、记录、上车三者相符。

第二节 纱线工艺设计与质量控制案例

一、转杯纺纱的工艺设计与质量控制

转杯纺纱与环锭纺纱最大区别在于将加捻与卷绕部分分开进行，从而解决了高速与大卷装的矛盾。转杯纺纱具有产量高、流程短、成纱条干均匀、结杂少、耐磨和染色性能好等特点。其生产过程飞花少，噪声低，降低了工人的劳动强度，改善了工作环境。

由于转杯纺纱设备机构及纺纱原理完全不同于环锭纺，从而决定了它具有不同的工艺特点。因此在制订和设计工艺时，应注意以下几个方面。

转杯纺纱依靠气流输送纤维并重新凝聚排列，成纱中的纤维伸直平行度差。由于纤维伸直平行度较差，纱条横截面的纤维根数就相对少，这是工艺上转杯纺纺细特纱较为困难的原因。转杯纺采用引纱罗拉握持、转杯回转的自由端加捻方式，所以转杯速度是提高转杯纺产能和加工细特纱品种的设备基础。

在转杯纺纱中，转杯内尘杂集聚式转杯纺纱的严重缺陷，所以在前纺制条工艺中要加强除杂、除微尘、减少短绒含量、改善纤维的分离度。在并条工序中，要充分利用条子的牵伸和并和作用，提高纤维的伸直平行度和降低熟条的重量不匀率，以减少分梳辊分梳时的纤维损伤，提高纺纱强力，在转杯纺纱中应遵循“轻定量、快喂入”的原则。在选择转杯速度时，一定要注意转杯速度与转杯直径的合理匹配。

1. 喂给与分梳

喂给分梳机构由喂给喇叭、给棉罗拉、给棉板和分梳辊组成。其作用是将条子均匀地握持喂入，并分解成单纤维状态和清除所含的杂质、尘屑。

2. 喂给喇叭

其作用是使条子在进入喂给罗拉与给棉板之前受到必要的压缩与整理，并改变条子的截面形态，使条子横截面上的密度趋于一致，以保证给棉罗拉与给棉板对条子的握持力分布均匀，有利于分梳辊的分梳。

3. 给棉板和分梳面长度

给棉板以一定的压力与给棉罗拉握持条子，并借给棉罗拉积极回转将条子输送到分梳辊机构给予开松使之成单纤维状态。为了加强喂给握持机构对条子的握持以及分梳辊的分解作用，给棉罗拉与给棉板隔距自进口至出口应由大到小。为了兼顾分梳效果和不损伤纤维，分梳面工作长度应稍短于纤维的主体长度。分梳点隔距的大小，决定了未被针齿分梳的纤维层

的厚薄。此隔距愈大，被针齿抓走的束纤维梳理越多，所以分梳点隔距以小为好，一般为0.15mm。

4. 给棉板—给棉罗拉隔距

该隔距过小，易损伤纤维，轧刹喇叭口；该隔距过大对纤维握持不利，分梳能力下降，有时还会造成分梳辊抓取纤维不均匀，对成纱质量不利。给棉板-给棉罗拉隔距一般掌握在0.05～0.1mm。

5. 分梳辊

分梳辊的锯齿是将条子梳理分解成单纤维，排除杂质，将纤维流转移到输纤通道的基本组件。其分梳性能直接影响成纱的质量，应根据不同的原料选用不同规格的锯条。分梳辊应减少纤维损伤，减少纤维弯钩，使纤维顺利转移。

在其他工艺条件不变的情况下，提高其速度有利于分梳、排杂和转移，成纱条干好。但是其速度过高会损伤纤维，致使成纱强力下降。分梳辊速度的选择可根据不同原料及分梳要求而定。纺棉纤维时，速度在6000～9000r/min；纺化纤时，速度在5000～8000r/min的范围内选择。此外，分梳辊转速还与喂入条子的定量、喂入速度、熟条含杂等因素有关。当喂入条子的定量重或单位时间内喂给量增加时，应相应提高分梳辊转速，以防止分梳辊绕花。增大分梳辊直径，可提高对纤维的分梳效果，而小直径、高速度则有利于排杂。

二、针织纱工艺设计与质量控制

针织纱是纱线的一大类产品。近几年来针织品得到快速发展，特别是多种新型原料和新型结构纱线的开发，给针织品提供了更广阔的发展空间。针织纱的质量要求及控制要点如下。

（一）针织纱的质量要求

针织纱要求条干均匀，特别是长细节少。由于针织物编织特点，对纱线条干不匀要求较高，尤其是长细节要求严，故10万米纱疵中要重点控制H、L长细节。另外俗称“大肚纱”的粗节疵点，不易顺利通过针眼，可形成漏针、破洞、脱套等布面疵点，故要重点控制A3、B3、C3、D2纱疵。

此外，针织纱棉结白星要少而小。白星因不吸色易产生色点，严重影响针织物外观质量。布面不能起横档，横档对染色布质量影响极大。减少横档的关键是原料混配均匀与生产中不匀控制（尤其是重量不匀率控制）。针织纱捻度要适当减少，这是由针织物风格特点决定的，故其成纱强力可比机织用纱稍低些。针织纱要严格控制异性纤维，由于针织物圈形结构的特点，布面“三丝”异性纤维不易修织。尤其是做漂白及浅色织物更要重点控制有色的“三丝”等异性纤维，做中深色织物要重点控制丙纶丝类（俗称蛇皮丝）等染不上色的异性纤维。

（二）针织纱质量控制要点

1. 根据终端用户要求分类配棉是纺好针织纱的前提

由于针织纱用途不同，对配棉要求也有不同，大体有以下几种情况。

（1）对染色要求高的针织物，配棉中马克隆值选配是第一顺序。配棉成分中各唛头马克隆值差异小于0.3，最大0.5，唛头间差异*CV*值小于10%。

（2）对布面光洁要求高的针织物，配棉重点是控制短绒率。原棉中短绒率要＜12%，生条短绒率要＜14%，精梳条短绒率做高档针织纱要控制在7%～7.5%，一般针织纱控制在

8%～8.5%。

(3) 对布面棉结、白星要求高的品种，配棉重点是控制原棉中棉结含量。一般原棉的AFIS棉结控制在180个/g，生条棉结小于55粒/g，精梳条棉结在10～12粒/g之间。

(4) 对漂白产品要求高的品种，最好用美棉、澳棉等机采棉花。

此外，纺好针织纱，严格用棉成分接批是关键。要确保质量不波动，不出现色档，接批抽调比例不超过3%。换批时原则上仍使用同一产地的原棉，保持不同客户用纱的原棉性能长期稳定。

2. 确保成纱异性纤维含量满足用户要求是纺好针织纱的关键

随着针织物质量要求的不断提高，对异性纤维控制水平已是能否进入高端用户的一个“门槛”。针织用户提出要求的控制标准是，针织下机毛坯布异性纤维含量染色坯≤25个/20kg，浅色、漂白坯≤10个/20kg，纺纱厂要根据针织毛坯布异性纤维含量的控制要求，制定出厂纱异性纤维检测指标：染色坯≤3～4个/10万米，浅色坯≤2个/10万米。完全漂白坯必须使用机采棉，以消除针织纱的异性纤维。对于进厂非机采棉花除要逐批进行异性纤维检测外，同时在使用中要严把“三道关”：人工挑拣关、清花异性纤维分离关、络筒电清异性纤维剪切关。

3. 制订合理的内控标准是纺好针织纱的重要保证

针织纱的质量控制分两个方面，一是纱线的内在质量指标，二是纱线的实物质量水平。内在质量指标主要控制重量*CV*值，条干*CV*值，千米粗节、细节、棉结及毛羽指数等。

通过布面分析控制的指标有染色坯异性纤维≤25个/20kg，汗布、漂白坯异性纤维≤10个/20kg，竹节≤10个/20kg，灯光下总疵点≤20个/20kg。

为确保成纱指标达标，还必须控制半制品质量指标。如开清棉的棉结、短绒增长率，梳棉的棉结去除率与短绒增长率及生条棉结数；精梳条棉结数及含短绒率，末并的重量*CV*值；粗纱伸长率、伸长差异率及粗纱重量*CV*值等指标。并要通过制订周期定期检测半制品指标变化，及时采取相应措施将超标机台控制到指标范围内，以确保成纱质量稳定。

(三) 生产过程中主要质量指标的控制

1. 成纱重量*CV*值控制要点

从针织品编织特点看，当两根相邻纱线粗细有一定差异时，布面上就可能出现阴影，影响布面风格。因此，在生产过程中要严格控制纱线的重量*CV*值，品种内控制在1.5%，品种间控制在1.8%。纱线重量偏差直接影响织物克重，因此不能有明显变化，要在+1.5%～+0.5%区间内控制，这也是品牌针织服饰用户对面料一致性要求。

2. 纱线条干要求

条干不匀易在布面暴露，特别是汗布类织物，纱线条干不匀易造成纹路不清，管间差异大会造成布面条痕。尤其是细节对织物危害更大，如−50%细节布面会出现阴影，−60%细节布面会呈现“一刀切”，且细节处强力低，织造中易断头造成脱圈、破洞、影响织造效率。对粗节控制也很重要，如+35%粗节织造时易造成跳针，+50%粗节不能通过针眼，造成织造断头和布面破洞。目前高档针织面料用纱对棉结的要求也越来越高，要求将+140%棉结数作为针织纱考核指标。

3. 纱线强力、毛羽要求

纱线弱环使造成断头的主要因素，而毛羽则是影响织造效率、布面光洁度和起毛起球的关键因素，当相邻的纱线毛羽指数*H*值相差0.5时，布面染色后可能出现横条。

4. 针织用纱的纱疵控制要点

由于针织物的特殊结构，各类纱疵在布面上尤为明显，因此做高档针织用纱，纱疵控制十分重要。控制措施主要是两方面，一是利用络筒机电清把好纱疵关；二是追溯纱疵成因，强化管理，从源头上减少纱疵的产生。

三、色纺纱的质量控制

色纺纱又称色纤维纺纱。由于纺纱前所用的纤维原料均通过染色或原液着色，故纺成纱后在工序加工中一般不需要再经染色加工，缩短了加工工序，减少了对环境的污染。同时色纺纱一般均有两种以上不同色泽的纤维混合纺纱，丰富了纱线表面的多色彩效应，加工成针织物深受广大消费者欢迎。色纺纱制成的针织服装在国外已十分流行，在国内的消费群体也正在不断扩大。据初步估计，目前全国有500多万纱锭在生产各类色纺纱，其中浙江省生产色纺纱生产能力要占全国的60%左右，百隆公司、华孚公司两个色纺纱企业各拥有色纺锭近100万锭，并有50%以上色纺纱直接出口。色纺纱已成为国内纺纱行业有较强竞争力的特色产品，并可为企业取得较好的经济回报。

色纺纱的生产特点是品种多、批量小、变化大（混比根据后加工用户的要求而变化）是色纺纱生产的主要特点，往往一个车间要同时生产不同混比、不同原料、不同色泽的多种色纺纱，故对车间现场管理，尤其是分批、分色等区域管理有严格要求，以杜绝混批、混色、错特等质量事故的发生。

1. 原料染色和原料互配

目前色纺纱主要是做针织纱用，线密度在14.8tex以上，多数品种为19.7tex左右。色纺纱使用棉花的比例较高，为使染色后的棉花仍保持较好弹性，并使强力减少，故选择原棉细度要适中，成熟度要好，含杂率要少。尤其是在原料换批时要严格控制细度与成熟度的差异，以减少质量波动。同时，在染料选配上既要提高染色牢度，又要使染色后的纤维保持一定的弹性与摩擦系数，故在原棉染色中要加入适量的助剂。

2. 纺纱前的调色与配色

由于色纺纱是多色泽原料组合而成，而同一色泽原料中又有深、中、浅之分，为使生产的色纺纱能与客户来样的色泽与色光一致，在投产前必须搞好多种色泽原料的调色与配色。这是一项极其细致的生产前准备工作，需由具有一定经验的调色与配色技术员工来完成，要通过小样先试验，织成针织布样后在标准光源箱校对色泽、色光，符合要求后才能投入批量生产。

3. 科学混棉

色纺纱是两种以上色纤维混合纺纱，一根纱线上段与段之间色泽、色光一致取决于混棉的均匀性，故科学混棉也是色纺纱生产中的重要环节。目前色纺纱混棉一般采取两种混合方法，一种是在开清棉流程中的混棉机上采用棉包混棉，另一种是在并条工序上采用棉条混棉。前者称“立体混合”，在纱线上呈现立体分布效果。后者称“纵向混合”，各种色纤维混合比例控制正确，但这种条混方法在纱线上反映的立体效果稍差，尤其是多色彩纤维混合，在并条工艺上有一定难度。采用棉包、棉堆混棉方法，手工操作较多，工人劳动强度高，并需较大的原料堆放场地。

4. 按色棉与色纤维特点来设计纺纱工艺

由于色纺纱批量小且品质变化频繁，故一般不适宜采用高效的清梳联合与精梳机，宜采用传统的开清棉机、梳棉机、精梳机。因为色纤维染色后强力下降、短绒增加，可纺性不如本色纤维。为使色纤维不再经受剧烈处理，各工序纺纱工艺，一般掌握定量、车速比纺本色纱时降低10%～15%，以减少棉结与短绒的产生。在络筒工序要适当降低络纱速度，控制毛羽增长率。此外，为了控制成纱重量*CV*值与重量偏差，在末并工序最好配置自调匀整装置，以确保成纱长短片段均匀。

5. 严格控制纺纱中回料的使用

由于色纺纱混配比例不一，故纺纱过程中产生的回料（回卷、回条、回花）性能差异较大，为确保色纺纱的质量稳定与色比正确，在一般情况不掺用回料。为减少原料浪费，可在回料积存到一定数量后采用一次性专纺来使用各种回料。

知识扩展：影响产品质量的因素

影响产品质量的因素有许多，贯穿于产品设计、生产、包装、销售、使用的全过程。其中人的因素是最基本、最重要的，其他因素都是通过人的因素才起作用的。

1. 人的因素，

（1）生产与经营人员质量意识。生产与经营人员要具有高度的“质量第一”的思想意识，通过加强员工培训，从企业生存发展的战略高度认识质量第一，全员在实际工作中自觉执行；通过严格质量责任制，奖罚分明，增强质量意识。

（2）员工的技术和质量管理水平。员工的技术和质量管理水平是保证提高产品质量的前提，往往员工的技术和质量管理水平低是造成产品缺陷的关键因素。

（3）消费者的使用水平。产品的正确使用是保证其使用质量和寿命的重要因素。提供良好的服务质量是快速提高消费者使用水平的有效方法。例如羊绒衬衫穿着指导——可以直接接触皮肤穿着，这样更能体现羊绒纤维舒适性的特点；洗涤使用说明：采用酸性洗剂，温水洗涤，动作轻柔，防止缩绒现象；清洗时采用柔软剂处理手感更好。

2. 生产过程

（1）市场调研。市场调研是产品开发的基础。研究市场需求，分析、收集已有同类商品质量、品种信息，通过市场预测确定产品的质量等级、品种规格、数量价格，以确保适应目标市场的需要。

（2）开发设计。开发设计是形成产品质量的前提。开发设计包括使用原料配方，产品的结构原理、性能、型号、外观结构、包装设计等。

（3）原材料质量。原材料质量是构成产品的物质基础，对产品质量起决定性作用。主要表现在对产品成分、结构、性能方面引起差别。例如长绒棉能生产高支纱、轻薄织物；粗短原棉只能生产较低支纱、较厚重织物。

（4）生产工艺。生产工艺是商品使用价值和质量形成的过程。主要指产品在加工过程中采用的加工系统、原料配比、操作规程、设备条件、技术水平等。例如棉纺加工中的精梳、普梳系统，由于精梳系统增加了精梳工序，能够除去短纤维、棉粒、杂质，使成纱光洁，使条干更均匀、强力提高，纺纱质量比普梳更好。

思 考 题

1. 叙述工艺设计的基本内容。

2. 叙述工艺设计的指导思想。

3. 叙述工艺纪律和审批制度。

4. 叙述转杯纺纱的工艺设计与质量管理的内容。

5. 叙述针织纱工艺设计与质量控制内容。

6. 叙述色纺纱的质量控制内容。

参 考 文 献

[1] 李恒琦. 纱线质量检测与控制 [M]. 北京：中国纺织出版社，2008.

[2] 秦贞俊. 棉纺织生产技术的发展现代化 [M]. 上海：东华大学出版社，2012.

[3] 秦贞俊. 世界棉纺织前沿技术 [M]. 北京：中国纺织出版社，2010.

[4] 秦贞俊. 现代棉纺工程产品质量的监控与管理 [M]. 上海：东华大学出版社，2011.

[5] 秦贞俊. 现代棉纺纱新技术 [M]. 上海：东华大学出版社，2008.

[6] 孙鹏子. 梳棉机工艺技术研究 [M]. 北京：中国纺织出版社，2012.

[7] 孙鹏子. 高产梳棉机工艺技术理论的研究 [M]. 上海：东华大学出版社，2002.

[8] 王柏润. 纱疵分析与防治 [M]. 2 版. 北京：中国纺织出版社，2010.

[9] 黎清芳. 梳棉生条棉结的产生和控制 [J]. 棉纺织技术，2005，(12)：33-35.

[10] 魏永利. 清梳工序棉结杂质的控制 [J]. 棉纺织技术，2006，(1)：13-16.

[11] 谢春萍. 纺纱工程（上册）[M]. 北京：中国纺织出版社，2012.

[12] 谢春萍. 纺纱工程（下册）[M]. 北京：中国纺织出版社，2012.

[13] 徐少范. 棉纺质量控制 [M]. 2 版. 北京：中国纺织出版社，2011.

[14] 郁崇文. 纺纱工艺设计与质量控制 [M]. 北京：中国纺织出版社，2005.

[15] 翟金华. 纤维性能与成纱棉结的关系分析 [J]. 广西纺织科技，2005，34（3）：21-23.

[16] 赵博. 减少成纱棉结的实验研究 [J]. 棉纺织技术，2005，33（8）：11-14.

[17] 赵今平. 降低 CJ 5. 8 tex 成纱棉结的生产实践 [J]. 棉纺织技术，2009，(9)：37-39.

[18] 朱正峰. 纺织生产管理. [M]. 北京：中国纺织出版社，2010.

[19] NING PANG. Changing Yarn Hairiness During Winding Analyzing the Trailing Fiber Ends. Textile Research Journal [J]. 2004，72（9）：905-913.

[20] J. LANG. Frictional behavior of synthetic yarns during processing. Textile Research Journal [J]. 2003，73（12）：1071-1078.